FORSCHUNGSBERICHTE
DES WIRTSCHAFTS- UND VERKEHRSMINISTERIUMS
NORDRHEIN-WESTFALEN

Herausgegeben von Staatssekretär Prof. Dr. h. c. Dr. E. h. Leo Brandt

Nr. 533

Prof. Dr.-Ing. Herwart Opitz

Dr.-Ing. Wolfgang Hölken

Laboratorium für Werkzeugmaschinen und Betriebslehre
an der Technischen Hochschule Aachen

Untersuchung von Ratterschwingungen an Drehbänken

Als Manuskript gedruckt

Springer Fachmedien Wiesbaden GmbH

ISBN 978-3-663-03806-1 ISBN 978-3-663-04995-1 (eBook)
DOI 10.1007/978-3-663-04995-1

G l i e d e r u n g

1. Einleitung

Bei der spanenden Bearbeitung von Metallen treten häufig Schwingungen auf, die zum Teil als Rattermarken auf der bearbeiteten Oberfläche sichtbar werden. Diese Schwingungen können fremd-erregt oder selbsterregt sein. Bei der fremderregten Schwingung existiert eine von der Schwingungsbewegung unabhängige Wechselkraft, die entweder aus der Werkzeugmaschine selbst kommen kann (Unwuchten, Zahnräder, Wälzlager, Pumpen usw.), oder über das Fundament in die Maschine hineingeleitet wird. Übertragen sich Schwingungen bis auf das Werkzeug und Werkstück, so können zwischen diesen außer den erwünschten Schnitt- und Vorschubbewegungen zusätzlich Relativbewegungen auftreten. Bewegungskomponenten senkrecht zur bearbeiteten Werkstückoberfläche erzeugen Rattermarken. Dadurch kann die Genauigkeit der Oberfläche z.B. beim Feindrehen oder Schleifen begrenzt werden. Bei Schrupparbeiten spielen fremderregte Schwingungen bei nicht unterbrochenem Schnitt seltener eine Rolle.

Außer Wechselkräften können auch mechanische Impulse auftreten, die einzelne Maschinenteile in abklingende Eigenschwingungen versetzen.

Im Gegensatz zur fremderregten benötigt die selbsterregte Schwingung keine unabhängige Störkraft. Die Kräfte zur Anfachung der Schwingung entstehen durch die Schwingbewegung selbst (siehe KLOTTER (12), S.386). An Werkzeugmaschinen erreichen die selbsterregten Schwingungen im Gegensatz zu den fremderregten meist sehr große Amplituden. Sie müssen deshalb auf jeden Fall verhindert werden. Selbsterregte Schwingungen können meist leicht als solche erkannt werden, da ihre Frequenz stets annähernd gleich der Eigenfrequenz eines Teiles der Maschine, des Werkstückes oder Werkzeuges ist. TLUSTY (23) spricht von dem Leitsystem, das die Frequenz bestimmt.

An Horizontal-Drehbänken, die hier besprochen werden sollen, sind meist drei wichtige Leitsysteme zu unterscheiden:

1. Das Werkzeug mit Eigenfrequenzen von etwa 800 ... 5000 Hz
2. Das Werkstück mit Eigenfrequenzen von etwa 500 ... 1500 Hz
3. Die Arbeitsspindel bzw. das System Spindel - Werkstück - Reitstock mit Frequenzen von etwa 100 ... 350 Hz.

Es genügt nun nicht, das Leitsystem zu erkennen. Man muß auch wissen, welche Schwingungsform bei der selbsterregten Schwingung auftritt, damit man das System versteifen oder dämpfen kann. Bei Drehwerkzeugen können Biegeschwingungen in ein oder zwei Freiheitsgraden auftreten, in manchen Fällen auch Biege-Torsionsschwingungen.

Unstarre Werkstücke können entsprechend ihrer Verschiedenartigkeit eine große Zahl von Schwingungen aufweisen. Die Arbeitsspindel führt beim Rattern Biegeschwingungen aus, wobei meist in beiden Lagerstellen je ein Schwingungsknoten vorhanden ist. Wie die Schwingungsformen der Spindel mit Werkstück aussehen, wird später noch ausführlich gezeigt werden.

Wenn man feststellt, welche Schwingungsformen bei selbsterregten Schwingungen auftreten, so ist damit die Ursache der Schwingung noch nicht geklärt. Durch die Bewegung des Leitsystems muß eine Änderung der Schnittkraft bewirkt werden. Die Kraftänderungen müssen dergestalt sein, daß bei jeder Schwingungsperiode Energie in das System hineingeleitet wird. Ist diese Energie größer als die verbrauchte Dämpfungsenergie, so wird das System instabil, und die Amplituden wachsen an.

ARNOLD (1) untersuchte die selbsterregten Schwingungen von Drehmeißeln mit Biegeeigenfrequenzen von 2000 ... 3000 Hz. Nach ARNOLDs Ansicht werden diese Schwingungen durch die fallende Schnittkraft - Schnittgeschwindigkeits - Kennlinie verursacht, die bei der Zerspanung von Stahl in gewissen Bereichen vorhanden ist. Wenn der Meißel abwärts schwingt, so verringert sich die relative Schnittgeschwindigkeit, und die Schnittkraft steigt an. Beim Aufwärtsschwingen ist die relative Schnittgeschwindigkeit größer, und die Kraft nimmt ab. Bei jeder Periode wird die Energie in das System hineingeleitet.- Ein Widerspruch in dieser Arbeit ist die Feststellung, daß für das Überschreiten der Stabilitätsgrenze bei sonst gleichen Bedingungen der Verschleißzustand des Meißels, speziell der Freiflächenverschleiß, maßgebend ist. Es wurde jedoch nicht gezeigt, daß die Hauptschnittkraft bei einem verschlissenen Meißel einen wesentlich anderen Verlauf über der Schnittgeschwindigkeit hat als bei einem scharfen Meißel. Außerdem basiert diese Arbeit darauf, daß der Meißel Biegeschwingungen in einem Freiheitsgrad ausführt. Das trifft jedoch in den seltensten Fällen zu.

Aufbauend auf der Arbeit ARNOLDs untersuchte SALJE (17) Werkzeugschwingungen in einem Freiheitsgrad auf breiter Grundlage. Dabei wurden Stabilitätsgrenzen experimentell ermittelt. Die Stabilitätsgrenze wurde dabei stets bei einer bestimmten Verschleißmarkenbreite erreicht, die von den Schnittbedingungen, insbesondere von der Schnittgeschwindigkeit und vom Vorschub, abhängt.

LYSEN (14) wies darauf hin, daß ein Werkzeug allein durch Steuerung des Spanquerschnittes selbsterregte Schwingungen ausführen kann. Dazu ist allerdings notwendig, daß das Werkzeug zwei Freiheitsgrade hat. Die Meißelspitze beschreibt dabei eine Ellipse.

HAHN (8) vertritt die gleiche Ansicht wie LYSEN und wies experimentell die elliptische Bahnkurve einer Meißelschneide beim Drehen nach.

Über selbsterregte Schwingungen, bei denen unstarre Werkstücke als Leitsystem auftreten, ist bisher wenig veröffentlicht worden. Das liegt wohl daran, daß dieses Problem in der Praxis nur in Ausnahmefällen auftritt. In diesen Fällen hilft man sich dadurch, daß die Werkstücke abgestützt oder versteift werden, z.B. durch Verwendung von Lünetten.

Das dritte System, das bei selbsterregten Schwingungen an Drehbänken häufig als Leitsystem auftritt, ist das der Spindel mit Werkstück, welches eventuell durch die Körnerspitze abgestützt wird. Die vorliegende Arbeit befaßt sich nur mit der Untersuchung von selbsterregten Schwingungen dieses Systems. Diese Spezialisierung scheint notwendig, da trotz ähnlicher Grundprobleme bei allen selbsterregten Schwingungen beträchtliche Unterschiede zwischen den speziellen Gegebenheiten bestehen können.

Um die vorliegende Aufgabe lösen zu können, muß zunächst untersucht werden, welche Eigenschaften das Schwingungssystem hat (Federn, Massen, Dämpfungen) und welche Schwingungsform auftritt. Weiterhin muß genau festgestellt werden, wie die Schwingungen die vorgegebenen Schnittbedingungen verändern und damit auch die Schnittkräfte. Dadurch kommt man zur eigentlichen Ursache dieser selbsterregten Schwingung.

Der Zweck der vorliegenden Untersuchung ist, theoretische Erkenntnisse über die Ursachen des gefürchteten Ratterns an Drehbänken zu gewinnen, die in die Praxis übertragen werden müssen. Dabei werden sich wichtige Hinweise für den Drehbankkonstrukteur und den Zerspanungsfachmann ergeben.

Es muß das Ziel aller Ratteruntersuchungen sein, die Stabilitätsgrenzen (Grenze zwischen Rattern und ruhigem Schnitt) im voraus zu berechnen. Dazu soll diese Arbeit einen Beitrag leisten. Weiterhin besteht nach den bisher bekannten Ergebnissen die Möglichkeit, eine Abnahmeprüfung für Drehbänke festzulegen, bei der für jede Maschine bei bestimmten Bedingungen die Stabilitätsgrenze festzustellen wäre.

2. Übersicht über die bisherige Forschung

Es soll hier eine Übersicht über die wichtigsten Arbeiten gegeben werden, die sich mit selbsterregten Schwingungen des Systems Spindel - Werkstück - Reitstock an Drehbänken befassen. Dabei ist zu beachten, daß manche Forscher dieses System nicht speziell untersucht haben. Häufig werden anderswo gewonnene Erkenntnisse auf die hier untersuchten Ratterschwingungen übertragen.

Eine mathematische Behandlung der selbsterregten Schwingungen wurde von STEFANIAK (22) durchgeführt, wobei er den Meißel oder das Werkstück als Masse mit zwei Freiheitsgraden betrachtet. Die dabei angenommenen Federn liegen in Richtung der Hauptschnittkraft und Rückkraft. Bei der Aufstellung der beiden Bewegungsgleichungen berücksichtigt STEFANIAK die Änderung der Schnittkraft durch die wechselnde relative Schnittgeschwindigkeit, wie auch durch den wechselnden Spanquerschnitt. Die beiden Bewegungsgleichungen lauten:

$$m_x \cdot \ddot{x} + k_x \cdot \dot{x} + (c_x + c_x^*)x = k_x^* \cdot \dot{y}$$

$$m_y \cdot \ddot{y} + (k_y - k_y^*)\dot{y} + c_y \cdot y = -c_y^* \cdot x$$

Er erhält daraus eine charakteristische Gleichung vierten Grades. Die Wurzeln dieser Gleichung sind komplex. Stabilität ist dann vorhanden, wenn die Realteile aller Wurzeln negativ sind (abklingende Schwingung). Die hierzu notwendigen und hinreichenden Bedingungen haben HURWITZ (11) und CREMER (3) angegeben. Sie werden von STEFANIAK zur Stabilitätsberechnung verwendet. Bei dieser Rechnung wurde der Einfluß des wiederholten Hineinschneidens in Rattermarken nicht berücksichtigt. Das geschah in einem zweiten mathematischen Ansatz. Die sich dabei ergebenden transzendenten Gleichungen sind nicht ohne weiteres lösbar. Sie wurden nicht weiter diskutiert.- Die Arbeit STEFANIAKs ist rein theoretischer Art. Er stützt sich nicht auf spezielle Versuchsergebnisse. Es wird später noch nachgewiesen werden, daß die Schnittkraftänderung durch Änderung der relativen

Schnittgeschwindigkeit beim Rattern von Drehbänken (Frequenzen etwa von 100 - 350 Hz) meist vernachlässigbar ist. Durch die niedrigen Frequenzen sind die Schwinggeschwindigkeiten selbst bei großen Amplituden sehr klein. Außerdem ändert sich die Schnittkraft im Fließspanbereich häufig nur geringfügig oder gar nicht mit der Schnittgeschwindigkeit. Wenn man in den von STEFANIAK aufgestellten Bewegungsgleichungen die Koeffizienten k_x^* und k_y^*, die die Schnittkraftänderung mit der Schnittgeschwindigkeit berücksichtigen, gleich Null setzt, so ist nur eine der beiden angesetzten Gleichungen mit einem Koppelglied versehen. Man erhält dadurch die Gleichung einer abklingenden Schwingung. Es besteht dann nicht mehr die Möglichkeit für eine Instabilität. Der Ansatz gibt also zweifellos nicht die wirklichen Ursachen des Ratterns wieder.

Einen ähnlichen mathematischen Ansatz gibt SALJE (19) an. Er berücksichtigt jedoch zusätzlich eine Kraftänderung, die von der relativen Lageänderung zwischen Werkzeug und Werkstück in Schnittgeschwindigkeitsrichtung und der dadurch verursachten Änderung des Spanwinkels abhängt. Man kann jedoch nachweisen, daß dieser Einfluß äußerst gering ist.- SALJE weist darauf hin, daß beim Rattern von Drehbänken selbsterregte Biegeschwingungen der Spindel in zwei Freiheitsgraden auftreten. Er untersuchte experimentell die dabei auftretenden Amplituden in Abhängigkeit von den Schnittbedingungen (Schnittgeschwindigkeit, Vorschub, Schnitttiefe).

Eine Arbeit von EISELE - SADOWY (7) befaßt sich u.a. mit selbsterregten Ratterschwingungen an Drehbänken. Dabei wurde festgestellt, daß das Rattern durch eine Biegeschwingung des Drehbankbettes verursacht wird. Durch die Kopplung der Schwingung über den Schnittvorgang trete zusätzlich eine Drehschwingung von Spindel und Werkstück auf.- Zu diesen Untersuchungen muß bemerkt werden, daß solche Ergebnisse vom Verfasser nicht beobachtet werden konnten. Wenn man die Eigenschwingungsformen von Drehbankbetten vom Stahlhalter aus erregt, so wird die Dämpfung und damit auch die dynamische Starrheit stets ziemlich groß sein. Das kommt u.a. durch die vielen Führungen des Supportes, die stark dämpfend wirken. Es ist deshalb wenig wahrscheinlich, daß eine Ratterschwingung des Bettes zustande kommt. Das System Spindel - Werkstück - Reitstock ist gegen Biegung dynamisch wesentlich weniger starr und verursacht nach Ansicht des Verfasses bei Drehbänken sehr häufig Ratterschwingungen.

In einer weiteren Arbeit von SADOWY (20) werden die selbsterregten Schwingungen in zwei Freiheitsgraden mathematisch behandelt. Dabei wird für Werkzeug und Werkstück je ein Freiheitsgrad angenommen, der eine beliebige Richtung haben kann. Es wird im Ansatz berücksichtigt, daß sich die Schnittkraft durch Änderung von Spanquerschnitt und Schnittgeschwindigkeit ändert. Der Ansatz enthält rein mathematisch die Möglichkeit einer Instabilität. Es muß jedoch bezweifelt werden, daß der Ansatz den tatsächlichen Verhältnissen gerecht wird, da das Werkstück beim Rattern stets in zwei Freiheitsgraden schwingt.

LYSEN (15) weist u.a. auf die Wichtigkeit der Hauptschwingungsrichtung des Meißels hin. Als Beispiel führt er den federnden Abstechstahlhalter ("Schwanenhals") an, der ein statisches Einhaken der Schneide verhindert und damit die statische Stabilität beeinflußt. Die Beeinflussung der dynamischen Stabilität wird in diesem Zusammenhang nicht erwähnt.

Eine Theorie des "regenerativen" Ratterns wurde von TOBIAS und FISHWICK (27) veröffentlicht. Unter regenerativem Rattern werden selbsterregte Schwingungen verstanden, bei denen in die Rattermarken der vorhergehenden Umdrehung hineingeschnitten wird. Ausgangspunkt der Betrachtungen ist hier - wie bei jeder Ratteruntersuchung - die Frage, durch welche Einflüsse Schnittkraftänderungen verursacht werden, wenn man das untersuchte System als schwingend annimmt. In der Arbeit wird festgestellt, daß sich die Schnittkraft mit dem Vorschub (der Spandicke), der Schnittgeschwindigkeit und der Vorschubgeschwindigkeit ändert. Während bisher schon bekannt war, wie die Schnittkraft von der Spandicke und der Schnittgeschwindigkeit abhängt, trifft das für die Vorschubgeschwindigkeit nicht zu. Durch die Vorschubgeschwindigkeit, die von TOBIAS und FISHWICK als Eindringungsgrad bezeichnet wird, ändern sich z.B. die Arbeitswinkel am Werkzeug. Es wird angegeben, daß sich die Schnittkraft nicht nur dadurch ändert, sondern auch durch das Eindringen des Werkzeuges ins Werkstück. Als Beispiel wird angeführt, daß beim Anschnitt eines Werkzeuges eine gewisse Kraft erst erreicht werden muß, bis der Werkstoff zu fließen beginnt und eine Spanabnahme erfolgt. Vorher sei eine elastische Verformung des Werkstoffes vorhanden. - Dazu muß allerdings bemerkt werden, daß ein Anschneiden beim Rattern nur dann bei jeder Schwingungsperiode auftritt, wenn die Ratteramplitude sehr groß ist. Für die Stabilitätsgrenze wäre dieser Einfluß darum bedeutungslos. - TOBIAS und FISHWICK berechnen die Stabilitätsbereiche auf Grund ihrer Annahmen und stellen Stabilitätskarten auf. Auf ihnen sind Ratterbänder eingetragen, die durch Veränderung der Drehzahlen nacheinander durchlaufen werden können. Jedes Ratterband entspricht einer Eigenschwingungsform der Maschine, die in diesem Bereich selbsterregte Schwingungen ausführt. - Vernachlässigt man in dem mathematischen Ansatz die Tatsache, daß in Rattermarken hineingeschnitten wird, so besteht nicht die Möglichkeit einer Instabilität. Es wird später noch gezeigt werden, daß es für die Stabilitätsgrenze kaum von Bedeutung ist, ob in Rattermarken hineingeschnitten wird oder nicht.

SOKOLOWSKI, MANSCHOS und AMOSSOW (21) untersuchten selbsterregte Schwingungen des Systems Spindel - Werkstück - Reitstock. Es wird eine Amplitudenformel angegeben, deren Ableitung aus der Arbeit nicht hervorgeht. Die Ratteramplitude soll von der Schnittgeschwindigkeit, der Frequenz, der Spanbreite und einigen Koeffizienten abhängen, die den Einfluß der Schnittkraft, des Werkstoffes und der Schneidengeometrie zum Ausdruck bringen. Die Formel konnte durch eigene Versuche nicht bestätigt werden. Außerdem erscheint es wenig sinnvoll, eine Amplitudenformel für das Rattern anzugeben, da diese Art von Schwingungen unbedingt vermieden werden sollte. Die Berechnung der Stabilitätsgrenze ist von wesentlich größerer Bedeutung. Von MANSCHOS wurden eingehende Untersuchungen der Abhängigkeit von Ratteramplituden von den Schnittbedingungen durchgeführt, die zum Teil gut mit eigenen Ergebnissen übereinstimmen. Eine Erklärung der einzelnen Einflüsse wurde nicht gegeben. - Amossow führte oszillographische Untersuchungen an einer ratternden Drehbank durch. Dabei wurden die Bewegungen des Werkstückes und Supportes, sowie die wechselnden Schnittkräfte gemessen. Als Ergebnis der Messungen wird festgestellt, daß das Rattern in erster Linie durch die Änderung des Spanquerschnittes zustande kommt und daß sich die Schnittkräfte nicht verzögerungslos mit der Spandicke ändern. Eine mathematische Auswertung der Ergebnisse fehlt.

Die ersten Untersuchungen selbsterregter Schwingungen des Systems Spindel-Werkstück wurden 1937 von DOI durchgeführt. In späteren Arbeiten (4, 5) führte er auch Messungen der wechselnden Schnittkräfte durch. Er stellte ebenso wie SOKOLOWSKI und AMOSSOW fest, daß eine Verzögerung zwischen Spanquerschnitts- und Schnittkraftänderung besteht. Diese Verzögerung hält DOI für die alleinige Ursache des Ratterns. Er untersuchte diesen Zeitverzug außer beim Rattern dadurch, daß er die Spandicke annähernd sinusförmig änderte (ohne Rattern). Die Kraftverzögerung war dabei die gleiche wie beim Rattern. Sie muß also mit der Spanentstehung bei der Stahlzerspanung zusammenhängen. Die Verzögerungszeit hängt von den Schnittbedingungen ab. Mit größerer Spandicke nimmt sie z.B. zu. Mathematisch betrachtet DOI das System nur in einem Freiheitsgrad und zwar horizontal, senkrecht zur Drehachse. In seinem Ansatz berücksichtigt er die Verzögerung der Schnittkraftänderung.

TLUSTY (23, 24, 25) arbeitete auf Grund seiner Versuche eine Methode aus, um die Stabilitätsgrenze, an der das Rattern einer Maschine beginnt, berechnen zu können. Er nahm an, daß nur die Änderung des Spanquerschnittes eine Schnittkraftänderung verursacht, und zwar verzögerungslos. Bei der Berechnung legt er ein System zugrunde, bei dem eine Masse in zwei Freiheitsgraden schwingt. Die Richtung der Federn liegt dabei unter einem bestimmten Winkel zur Richtung der resultierenden Schnittkraft und zu dem Koordinatensystem, das durch die Richtung der Hauptschnittkraft und Rückkraft gebildet wird. Dadurch erhält er ein System von zwei miteinander gekoppelten Bewegungsgleichungen. Dieses System kann instabil werden. Es können also selbsterregte Schwingungen entstehen, die außer von den Zerspanungsgrößen noch von der Richtung der Federn, von der Schnittkraftrichtung und den anderen Konstanten des Schwingungssystemes abhängig sind. TLUSTY nennt diese Art der Entstehung von selbsterregten Schwingungen das "Prinzip der Lagekopplung". Als zweites nennt er das "Prinzip der fortschreitend erzwungenen Schwingung". Damit ist das wiederholte Hineinschneiden in Rattermarken gemeint. In einer weiteren Arbeit (26) faßt er die beiden Prinzipien zusammen und berücksichtigt gleichzeitig alle anderen Schwingungen, die außer denen des Leitsystemes auftreten und durch Kopplung erzwungen werden.

3. Die Untersuchung der an der Ratterschwingung beteiligten Schwingungssysteme

Wenn wir auch das System Spindel - Werkstück - Reitstock als das Leitsystem bezeichnet haben, das bei dem hier untersuchten Rattern Biegeschwingungen ausführt, so werden doch andere Systeme durch Kopplung zu Schwingungen angeregt. Durch die beim Rattern wechselnde Schnittkraft übertragen sich Schwingungen der gleichen Frequenz auf das Werkzeug und den Support bis zum Maschinenbett. Ebenso wird das Werkstück durch die

Kopplung über den Schnittvorgang Drehschwingungen ausführen. Wenn diese Schwingungen auch alle sekundärer Natur sind, so können sie doch den Rattervorgang beeinflussen, wie später am Beispiel des Drehmeißels noch gezeigt werden wird. Es ist deshalb notwendig, außer dem System des Werkstückes mit Spindel und Reitstock das des Werkzeuges und Supportes zu untersuchen.

3.1 Die statischen und dynamischen Eigenschaften des Systems Spindel - Werkstück - Reitstock

Um die Untersuchungen zu vereinfachen, soll hier vorausgesetzt werden, daß die Verformung des Werkstückes unter der Wirkung einer Kraft klein gegen seine gesamte Verlagerung sei. Die Verformung findet dann hauptsächlich in den Teilen statt, die das Werkstück halten, nämlich in der Spindel mit ihren Lagern und dem Reitstock mit Pinole und Körnerspitze. Abbildung 1a zeigt die statische Biegelinie einer Drehbankspindel nach PIEKENBRINK (16). Einesteils erfährt die Spindel unter der Wirkung der an der Spindelnase angreifenden Kraft eine Durchbiegung, andererseits werden die Lager elastisch verformt. PIEKENBRINK zeigte, daß die Verbiegung der Spindel durch das zeichnerische Verfahren von MOHR mit guter Näherung bestimmt werden kann. Die Lagerverformung muß experimentell ermittelt werden. Die Biegelinie zeigt, daß diese keinesfalls zu vernachlässigen ist. LOPATA (13) berücksichtigt bei der Berechnung der Biegelinie außerdem ein Einspannmoment, das die Lager auf die Spindel ausüben.

Die dynamische Biegelinie einer Drehbankspindel zeigt Abbildung 1b (nach HONRATH). Die Spindel schwingt wie ein Biegebalken auf zwei Stützen. In der Höhe der Lagerstellen befinden sich Schwingungsknoten. Die Lagerverformung dürfte demnach bei dynamischer Belastung keine Rolle spielen. Die Dämpfung der Biegeschwingung einer Spindel ist sehr gering. Im Gegensatz dazu sind die Eigenschwingungsformen von Drehbankbetten bei kompletten Maschinen wesentlich stärker gedämpft. Man kann danach schon sagen, daß die Spindeln dynamisch relativ sehr weich sind. HONRATH berechnete die Eigenfrequenzen von Spindeln mit guter Näherung nach dem zeichnerischen Verfahren von STODOLA.

Am vorderen Ende der Spindel befindet sich ein Drehfutter, eine Spannzange oder eine Körnerspitze, die die Verbindung zum Werkstück herstellen.

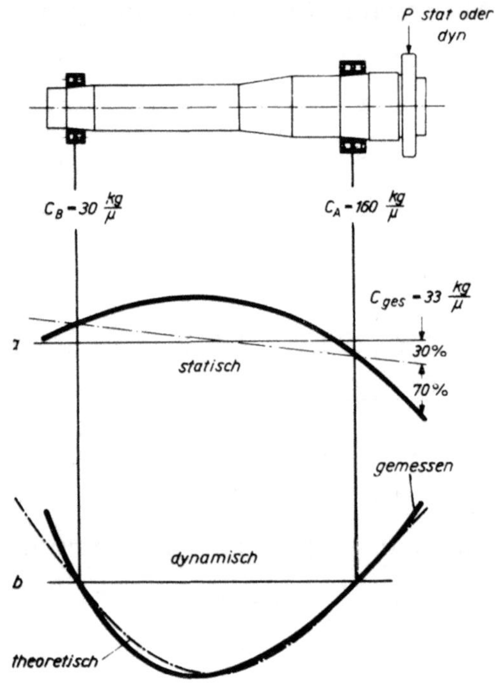

A b b i l d u n g 1

Statische und dynamische Biegelinie einer Drehbankspindel nach PIEKENBRINK und HONRATH

Die Befestigung eines Drehfutters kann über einen Flansch oder über ein Gewinde erfolgen. Während hierbei die Flanschverbindung meist statisch und dynamisch ausreichend starr ist, gilt das für die Futterbefestigung durch eine Gewindenase nicht ohne weiteres. In Abbildung 2 zeigt ein scharfer Knick der statischen Biegelinie in Höhe der Verschraubung, daß die Befestigung des Futters statisch unzureichend ist. Demgegenüber machte sich diese schwache Stelle dynamisch nicht bemerkbar, da die Reibung in der Verschraubung sehr groß ist.

Als nächstes soll das System Spindel mit Futter und fliegend eingespanntem Werkstück betrachtet werden. Die Einspannung des Werkstückes ist dann als ideal zu bezeichnen, wenn sich dieses System wie ein durchgehender Biegebalken aus einem Stück verhält. Während dieser Fall bei kurzen Werkstücken nahezu erreicht werden kann, ist das bei längeren durchaus nicht der Fall. Abbildung 3 zeigt die dynamische Biegelinie eines solchen Systems. Die Knickpunkte in der Höhe der Futterbacken weisen auf die ungenügende Einspannung hin. Die Abknickung ist von der Erregerstelle abhängig. Abbildung 4 zeigt die statische (a) und dynamische Biege-

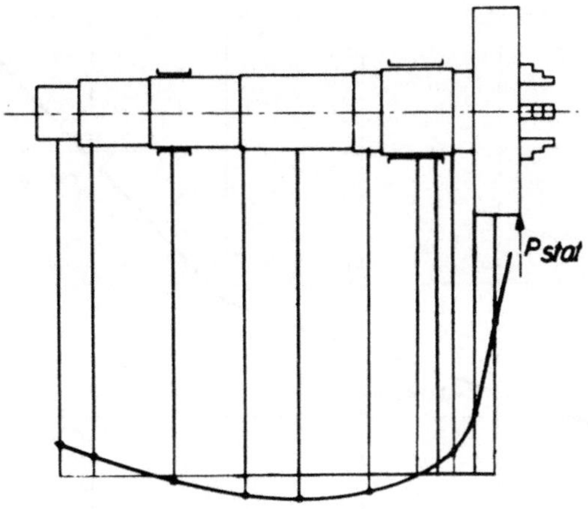

A b b i l d u n g 2

Statische Biegelinie einer Drehbankspindel mit Futter

Befestigung des Futters über Gewindenase

linie (b) eines zwischen Futter und Körnerspitze eingespannten Werkstückes. Auch hier treten starke Knickpunkte auf. An der Körnerspitze tritt der Knick besonders hervor, da hier keine Biegemomente übertragen werden. Bei der dynamischen Biegelinie erweist sich die Futtereinspannung infolge der großen Reibung als genügend starr. In diesem Falle ist nur noch an der Körnerspitze ein merklicher Knickpunkt vorhanden.

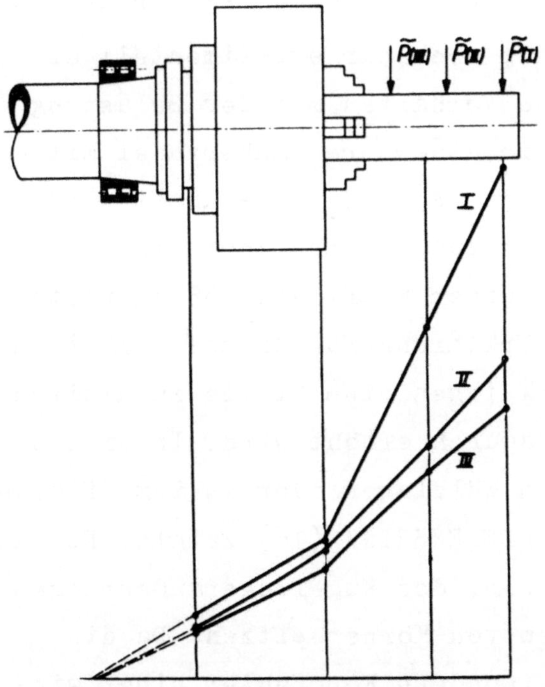

A b b i l d u n g 3

Dynamische Biegelinie des Systems Spindel - Futter - Werkstück

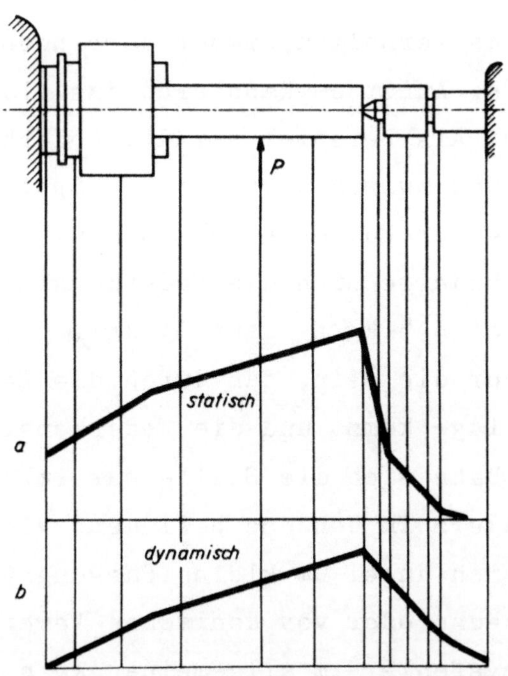

A b b i l d u n g 4

Statische und dynamische Biegelinie des Systems Spindel-Werkstück-Reitstock

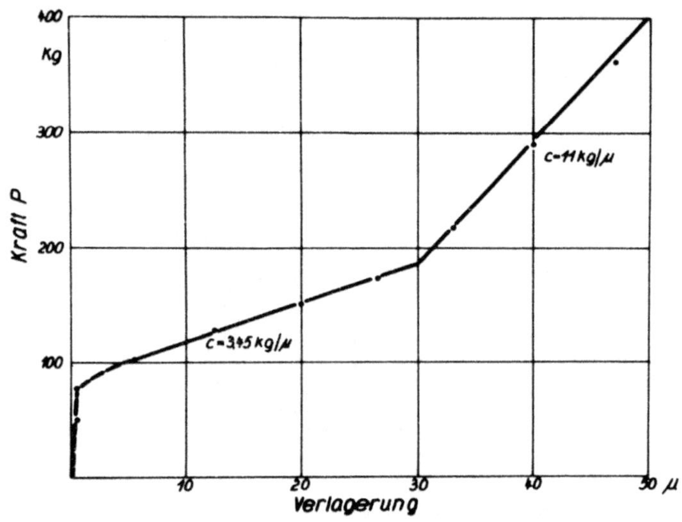

Abbildung 5

Federkennlinie einer Drehbankspindel. Werkstück zwischen Futter und Spitze. Meßstelle in Höhe der Futterbacken

Die statischen und dynamischen Biegelinien des Systems Spindel - Werkstück - Reitstock zeigten, daß dieses System nicht wie ein einfacher Biegebalken berechnet werden kann. Während sich die Biegelinie eines Teiles, z.B. der Spindel, noch theoretisch bestimmen läßt, trifft das für das gesamte System nicht zu. Die Verbindungsstellen zwischen den einzelnen Teilen stellen zum Teil örtlich begrenzte, sehr weiche "Biegefedern" dar. Das Verhalten dieser Verbindungen läßt sich nur experimentell ermitteln. Außerdem kann sich das elastische Verhalten mit der Belastung ändern. Als Beispiel sei die Federkennlinie einer Drehbankspindel mit Werkstück zwischen Futter und Spitze gezeigt (Abb. 5). Die Kraft wurde in Höhe der Futterbacken in senkrechter Richtung aufgebracht. In diesem Falle änderte sich die Federkonstante bei einer Kraft von 185 kg plötzlich von 3,5 kg/μ auf 11 kg/μ. Eine Erklärung für dieses Verhalten kann nur die sein, daß durch die Belastung irgendeine Stelle zusätzlich zur Anlage kommt und die Federkonstante dadurch erhöht wird. In diesem Falle kann sich die Stelle nur im vorderen Wälzlager oder in dem Sitz des Wälzlagers im Gehäuse befinden, wie auch PIEPENBRINK (16) zeigte. Es handelt sich dabei um kleine Passungsfehler z.B. des Kugellageraußenringes im Gehäuse oder von konischen Verbindungen von Körnerspitzen. Da die Passungsfehler im allgemeinen kein Spiel, sondern Formfehler sind, wirken sie sich im elastischen Verhalten aus. Bei Anwachsen der Belastung können weitere Punkte zum Tragen kommen, wodurch die Federkonstante erhöht wird.

Wird nun die Starrheit der Spindel bzw. des Reitstockes mit Körnerspitze durch solche Einflüsse mit bestimmt, so muß sie in den verschiedenen radialen Richtungen selbst bei unendlich starrem Gehäuse bzw. Reitstock verschieden sein. Es ist nicht möglich, daß die kleinen Passungsfehler in allen radialen Richtungen den gleichen Einfluß haben. Dazu kommt, daß z.B. der Reitstock in den verschiedenen Richtungen unterschiedliche Starrheiten hat. Das wurde durch folgenden Versuch bestätigt: Ein Werkstück war zwischen Futter und mitlaufende Spitze einer Drehbank gespannt. Am Ende des Werkstückes (zur Körnerspitze hin) wurde eine statische Kraft in verschiedenen Richtungen in der Ebene senkrecht zur Drehachse aufgebracht. Dabei wurde die Kraftrichtung von 30° zu 30° um 180° gedreht, wobei das Werkstück mitgedreht wurde. Die Kraftrichtung wurde also nur relativ zur Maschine geändert, relativ zur Spindel, zum Werkstück und zur Körnerspitze nicht. Die Verlagerung des Werkstückes wurde jeweils in zwei Komponenten gemessen. Abblidung 6 zeigt das Versuchsergebnis. Die Wirkungslinien der Kräfte wurden durch gestrichelte Linien dargestellt, die Verlagerung nach Größe und Richtung durch einen Vektor. Die maximale Verlagerung tritt bei horizontaler, die minimale bei vertikaler Belastung auf. Die Hauptträgheitsachsen liegen also vertikal und horizontal zur Maschine. Die Verlagerungen für die anderen Richtungen liegen zwischen denen bei senkrechter und waagerechter Belastung, wobei zwischen den symmetrischen Lagen kleine Unterschiede auftreten, die wahrscheinlich durch Meßungenauigkeiten hervorgerufen wurden. In einem weiteren Versuch blieb die Kraftrichtung relativ zur Maschine gleich (senkrecht), relativ zum Werkstück mit Spindel und Körnerspitze jedoch nicht, d.h. das Werkstück wurde gedreht. In diesem Falle war die Starrheit für alle Richtungen annähernd konstant.

Das gleiche System wurde an derselben Stelle dynamisch untersucht, wobei eine Wechselkraft einmal senkrecht und einmal waagerecht am Werkstück angriff. Die Schwingungen wurden in zwei Komponenten gemessen. Abbildung 7 zeigt vier Resonanzkurven (Wechselkraft vertikal). Die Resonanzkurven a - c wurden bei jeweils um 120° verdrehter Stellung von Spindel, Werkstück und Körnerspitze gemessen. Es zeigt sich, daß die Resonanzfrequenzen bei a und c gleich sind (198 Hz); bei b weicht sie ab (203 Hz). Die Abweichung ist in diesem Falle gering. Die Kurve d wurde bei der gleichen Stellung der Spindel ermittelt wie Kurve c. Lediglich die Körnerspitze wurde um 90° gedreht. Unter diesen Bedingungen hatte sich die Resonanz-

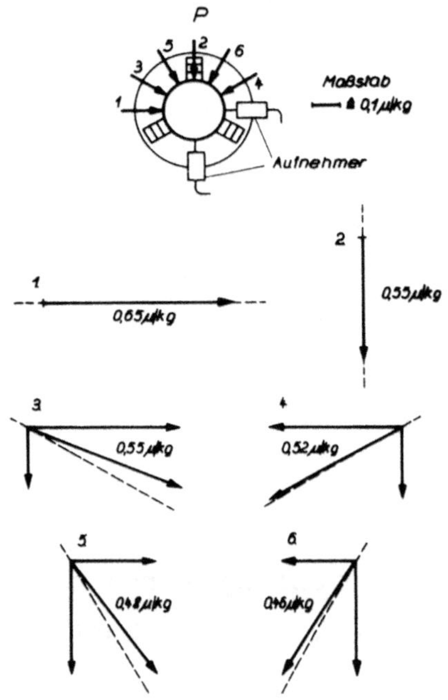

Abbildung 6
Verlagerung eines zwischen Futter und Spitze gespannten Werkstückes bei verschiedenen radialen Belastungsrichtungen

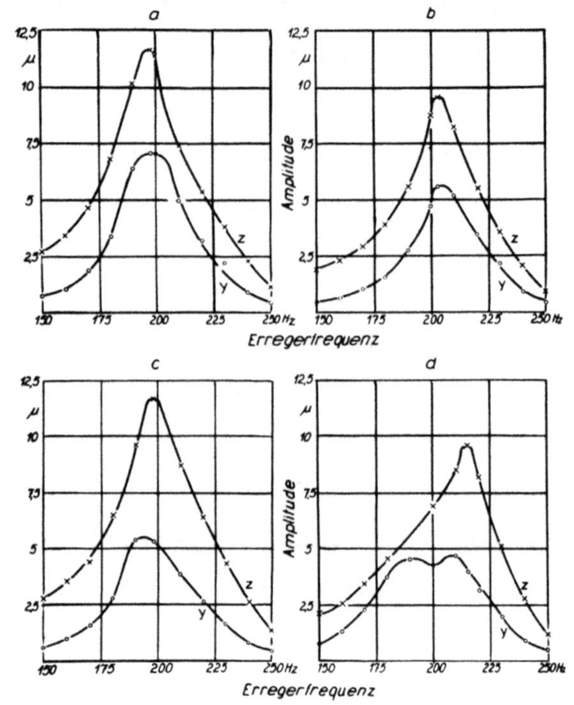

Abbildung 7
Resonanzkurven bei verschiedenen Stellungen von Spindel und Werkstück. Messung in x- und y- Richtung

stelle für die vertikale Amplitude nach 215 Hz hin verschoben. Die unterschiedlichen Resonanzkurven können nur durch unterschiedliche Starrheiten zustande kommen. Man kann unter der Annahme geschwindigkeitsproportionaler Dämpfung die statische Starrheit auch dynamisch ermitteln:

$$c = \frac{P_o}{D \cdot 2 \cdot x_o}$$

wobei D die Dämpfung ist $(D = \frac{k}{2m\,\omega})$ und x_o die Amplitude bei Resonanz. In dem untersuchten Fall wies der Frequenzunterschied von 17 Hz auf eine unterschiedliche Starrheit hin, die statisch nicht festgestellt worden ist. Diese Differenzen können nur dadurch erklärt werden, daß das System in Wirklichkeit sehr kompliziert ist und aus mehreren hintereinandergeschalteten Federn besteht. Diese Federn haben stark unterschiedliche Dämpfungen und wirken sich bei statischer und dynamischer Belastung verschieden aus. Benötigt man die Federkonstanten bei der Berechnung der

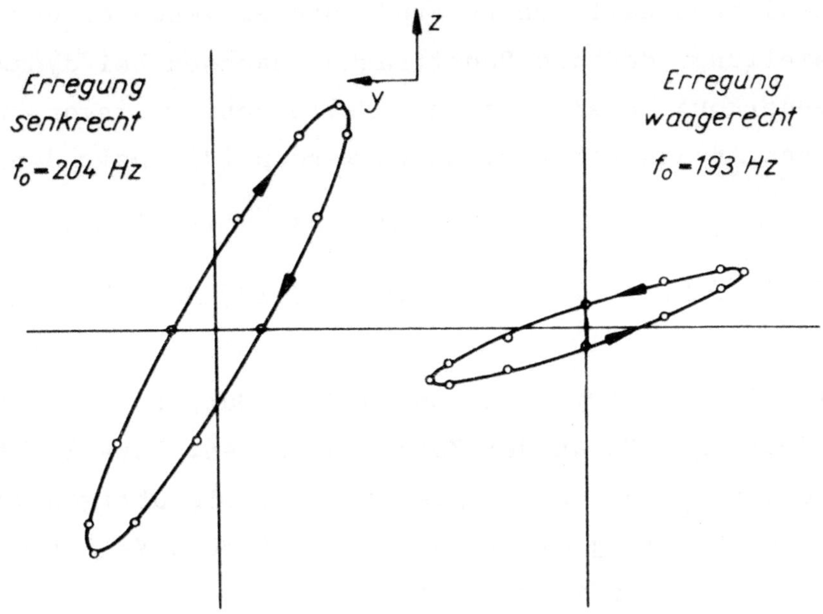

A b b i l d u n g 8

Bewegung eines Punktes der Werkstückachse bei Erregung in Eigenresonanz

selbsterregten Schwingungen, so kommt man den wirklichen Verhältnissen durch eine dynamische Ermittlung der Federkonstanten eventuell näher. Dabei muß man jedoch die bei der Zerspanung auftretenden Zustände möglichst gut annähern, z.B. durch große Wechselkräfte und eine statische Vorlast (auf diese Art und Weise werden die statischen Starrheiten durch TLUSTY ermittelt).

In Abbildung 7 fällt auf, daß bei vertikaler Erregung auch in horizontaler Richtung Schwingungen gemessen wurden. An der Meßstelle beschreibt der Werkstückmittelpunkt eine Ellipse (Abb. 8). Bei horizontaler Erregung haben die Hauptachsen der Ellipse zwar eine etwas andere Lage. Sie liegen jedoch in den gleichen Quadranten (ebenso wie beim Rattern, siehe Abb. 16). Es zeigt sich also, daß eine bevorzugte Schwingungsrichtung vorhanden ist, die schräg zur Vertikalen liegt. Diese Tatsache steht im Gegensatz zu den statischen Messungen (Abb. 6), die darauf schließen lassen, daß die Hauptträgheitsachsen senkrecht bzw. waagerecht zur Maschine liegen.

Aus dem hier besprochenen Versuch geht hervor, daß die Verhältnisse selbst bei dem relativ einfachen System Spindel - Werkstück - Reitstock kaum rechnerisch erfaßt werden können. Dazu müssen die wirklichen Verhältnisse der "hintereinandergeschalteten Federn" noch eingehender untersucht werden. Die Feststellung, daß die Hauptträgheitsachsen bei dynamischer Ermittlung der Federkonstanten in diesem Falle schräg liegen, wird später im mathematischen Ansatz berücksichtigt werden ("Prinzip der Lagekopplung" von Tlusty).

3.2 Die statischen und dynamischen Eigenschaften des Systems Werkzeug - Support

Abbildung 9 gibt die Verformungen von Meißel, Support und Bett wieder. Die statische Kraft greift an der Meißelspitze an. Ihre Richtung ist so, daß die Komponenten P_x, P_y und P_z gleich sind. Die übrigen Vektoren zeigen nach Größe und Richtung die relative elastische Verformung unter Wirkung der statischen Kraft. Das ist so zu verstehen, daß der Meißel vom Stahlhalter aus gemessen wurde, der Stahlhalter vom Oberschlitten, der Oberschlitten vom Querschlitten, der Querschlitten vom Bettschlitten, dieser vom Bett aus und das Bett vom Fundament her. Durch diese Art der Darstellung sieht man sofort, wo die einzelnen Verformungen stattfinden. Das Spiel in den Führungen wurde bei diesen Messungen nicht berücksichtigt. Es sind nur elastische Verformungen aufgetragen worden. Die absolute Bewegung der Meißelschneide unter der Wirkung der statischen Kraft setzt sich aus allen relativ gemessenen Verformungen zusammen.

Bei der Betrachtung der Abbildung 9 fallen einige Stellen auf, an denen die relativen Verformungen besonders groß sind: der Meißel in z - und x - Richtung und die Schlitten in Richtung ihrer Führungen. Die Meißelauskraglänge war gering (34 mm). Der Meißel ist keinesfalls vom Rande des Stahlhalters an als eingespannter Kragbalken zu betrachten. Die Verformung setzt sich auch in der Einspannung fort. Die Güte der Einspannung hängt von vielen Faktoren ab, z.B. vom Durchmesser der Spannschrauben und der Ebenheit der Auflagefläche. Das vielfach übliche Unterlegen von Blechen unter den Meißel zur Erreichung der Spitzenhöhen verschlechtert die Einspannung erheblich.- Durch die Verbiegung des Schaftes bewegt sich die Oberkante des Meißel in y-Richtung auf das Werkstück zu, die Unterkante in entgegengesetzter Richtung. Es ist also nicht gleichgültig, ob die Meißelschneide in der Höhe der Oberseite des Schaftes, in der Mitte (neutrale Faser) oder noch darunter liegt. Im ersten Falle wird sich z.B. die Schneide eines Abstechmeißels unter der Wirkung der Schnittkraft bei Annahme eines starren Supportes in das Werkstück hineinziehen.

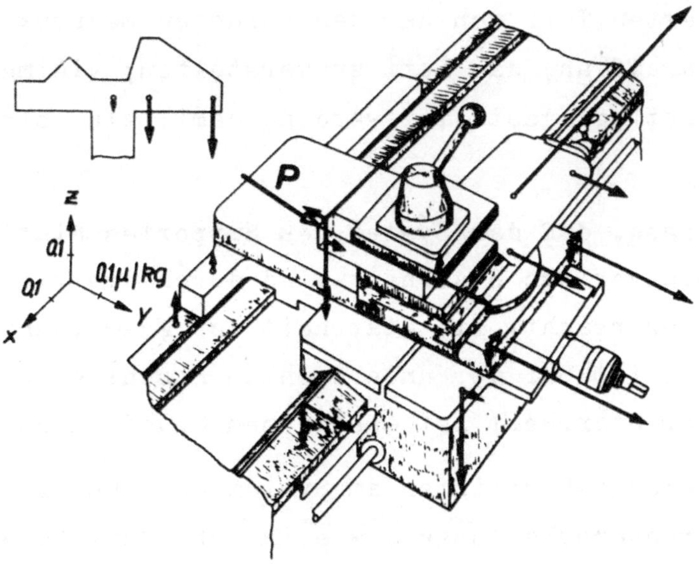

A b b i l d u n g 9
Verformungen am System Werkzeug - Support - Bett bei statischer Belastung

Die große Nachgiebigkeit der Schlitten in Richtung der Führungen kann nur durch eine Verformung der Gewindespindeln, Gewindemuttern oder ihrer Lagerung erklärt werden. Beim Oberschlitten war sie besonders groß. Der Bettschlitten bewegt sich bei eingeschalteter Fallschnecke nur sehr wenig.- Aber auch quer zur Führungsrichtung finden, vor allem beim Oberschlitten, beträchtliche Verlagerungen statt, verbunden mit einer geringen Verkantung. Diese Verformungen sind darauf zurückzuführen, daß die Führungsflächen in Verbindung mit den nachstellbaren Keilleisten nicht völlig gleichmäßig aufeinander liegen.- Der Stahlhalter verdreht sich relativ zum Oberschlitten und führt eine Kippbewegung in z-Richtung aus. Diese Kippbewegung ist nur dadurch möglich, daß die Flächen zwischen Stahlhalter und Oberschlitten nicht einwandfrei plan sind. Bei satter Auflage könnte eine solche Bewegung nicht auftreten.

Der Bettschlitten führt ebenfalls eine Kippbewegung in senkrechter Richtung aus, die sich durch den Hebelarm bis zur Meißelspitze als Bewegung des Meißels in y-Richtung auswirkt. Die Verlagerungen der Bettführungen in vertikaler Richtung werden hauptsächlich durch das Abbiegen der Führungsbahnen verursacht, wie am Beispiel der vorderen Führungsbahn gezeigt wird (Abb. 9, oben kinks). Die Verlagerung des Meßpunktes über der Bettwandung betrug nur den vierten Teil von der des vorderen Meßpunktes. Es kommt hier also nicht darauf an, das Bett zu versteifen; vielmehr müssen die Führungsbahnen günstiger gestaltet werden, damit ein solches Abbiegen verhindert wird.

Die Ergebnisse zeigen, daß das System des Supportes statisch außerordentlich weich ist. Die geringe Starrheit wird durch die vielen Führungen und Verbindungen verursacht. Die Starrheit der Maschinenteile selbst, z.B. der Schlitten, ist bei der untersuchten Maschine genügend groß. Eine Berechnung der Starrheit ist aus diesem Grunde nicht möglich.

Die Kraft- Verlagerungs-Kennlinien am System des Supportes zeigen zum Teil starke Hystereseerscheinungen, wie in Abbildung 10 am Beispiel des Querschlittens zu sehen ist. Diese Erscheinung trat bei der elastischen Verlagerung aller Schlitten auf. Sie deutet auf eine große Dämpfung hin, die durch die Reibung in den Führungen zustande kommt. Diese Teile müßten also bei einer geringen statischen Starrheit dynamisch relativ steif sein. Diese Annahme wird später noch bestätigt werden. Anders ist es beim Drehmeißel, dessen Kennlinie Abbildung 11 zeigt. Hierbei tritt keine merkliche Hysterese auf. Der Meißel ist schwach gedämpft. Bei der dynamischen Untersuchung des Systems ergibt sich, daß nur der Meißel eine ausgeprägte Eigenschwingungsform aufweist. Sonstige Eigenfrequenzen des Support s konnten nicht ermittelt werden, da die Dämpfungen zu groß sind (es ist darauf zu achten, daß nicht Eigenschwingungen des Maschinenbettes als solche des Supportes angesehen werden). Die Biegeeigenfrequenzen kurz eingespannter Drehmeißel liegen etwa zwischen 2500 und 5000 Hz. Bei lang auskragenden Meißeln können sie bis 1000 Hz und darunter abfallen. Die Meißeleigenfrequenzen liegen also stets wesentlich höher als die Ratterfrequenzen des Systems Spindel - Werkstück - Reitsock, die meist zwischen 100 und 350 Hz liegen. Die Berechnung der Eigenfrequenzen mit der Annahme, daß es sich bei dem Meißel um einen eingespannten Kragbalken handelt, führt zu falschen Ergebnissen. Die wirklichen Eigenfrequenzen liegen stets niedriger als die berechneten. Bei großen Kraglängen macht sich dieser Einfluß relativ wenig bemerkbar, bei kleinen Kraglängen kann der Fehler bis 100% betragen.

Wenn das System Spindel - Werkstück rattert, so wird über den Meißel eine Wechselkraft auf den Support ausgeübt. Während der Meißel in seiner Einspannung stark unterkritisch erregt wird, sind die Schwingungen der

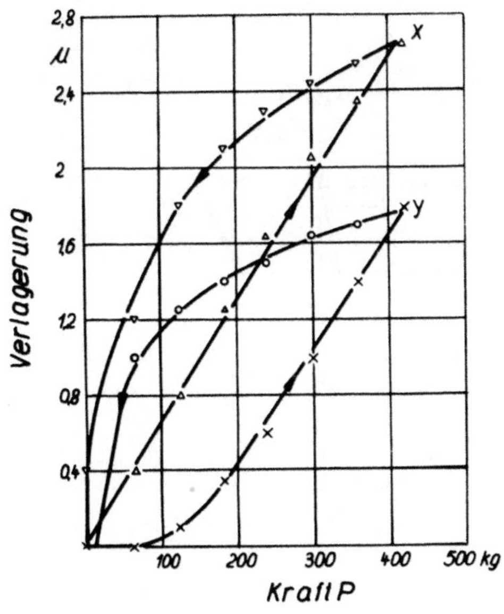

Abbildung 10
Kraft- Verlagerungs-Kennlinien des Querschlittens.Kraftangriff (s.Abb.9)

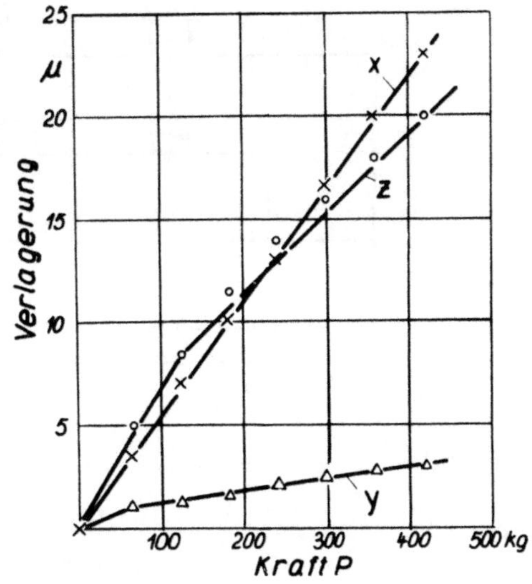

Abbildung 11
Kraft- Verlagerungs-Kennlinien eines eingespannten Drehmeißels. Kraftangriff (s. Abb. 9)

übrigen Teile des Supportes sehr kompliziert und unübersichtlich. Eindeutige Schwingungsformen konnten nicht ermittelt werden. Die Schwingung überträgt sich mit relativ kleinen Amplituden bis auf das Bett der Maschine, wobei jedes Teil in einer anderen Phase schwingt. Da kein klares Ergebnis bei der Schwingungsuntersuchung des Supportes zu erhalten war, soll hier auf die Wiedergabe der Versuchsergebnisse verzichtet werden. Die Messungen wurden beim Rattern der Maschine durchgeführt und bei der Zerspanung von Zahnrädern (unterbrochener Schnitt). Bei der Untersuchung des Rattervorganges wird noch gezeigt werden, wie groß die Amplituden des Meißels beim Rattern relativ zu denen des Werkstückes sind.

Die erzwungenen Schwingungen eines Meißels, der mit einer Frequenz von 150 Hz erregt wurde, zeigt Abbildung 12. Wegen der stark unterkritischen Erregung verhält sich der Meißel etwa so wie bei statischer Belastung. Die Meißelspitze bewegt sich nach vorne, wenn der Meißel abwärts schwingt. Die vordere untere Kante bewegt sich gleichzeitig nach hinten. In der Höhe der neutralen Faser müßte sich für die horizontale Bewegung ein Knoten befinden. Dieser liegt jedoch etwas tiefer.

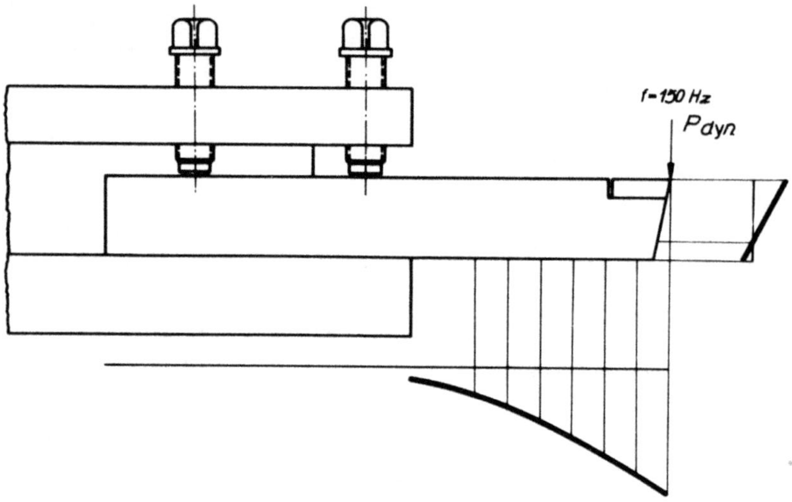

A b b i l d u n g 12
Schwingungsform eines Drehmeißels bei stark unterkritischer Erregung. Schaftquerschnitt 25 x 25 mm^2, Auskragslänge 70 mm

Später wird noch gezeigt werden, daß man bei dynamisch starrem Support das Rattern durch die Änderung der elastischen Eigenschaften des Meißels beeinflussen kann.

4. Experimentelle Untersuchungen an der ratternden Maschine

Nachdem die einzelnen Systeme der Drehbank bei statischer und wechselnder Belastung untersucht worden sind, soll nun festgestellt werden, wie sich die einzelnen Teile bei ratternder Maschine verhalten. Daraus muß dann ermittelt werden, wie sich die Schwingungsbewegungen auf die Zerspanungsbedingungen und damit auf die Schnittkräfte auswirken.

4.1 Schwingungsmessungen an der ratternden Maschine

Abbildung 13 gibt die Versuchsanordnung in schematischer Darstellung wieder. Bei der Messung soll angestrebt werden, die Bewegungen der Meißelschneide und des Werkstückes an der Schnittstelle zu erfassen. Das ist aus praktischen Gründen nur annähernd zu erreichen. Das Werkstück wurde in Höhe der Schnittstelle in senkrechter (z-) und waagerechter (y-) Richtung gemessen, die Spindel in axialer (x-) Richtung. Am Meißel waren kleine Absolutaufnehmer von geringem Gewicht (50 g) in der Nähe der Meißelschneide angebracht, die die Schwingungen des Meißels in den Komponen-

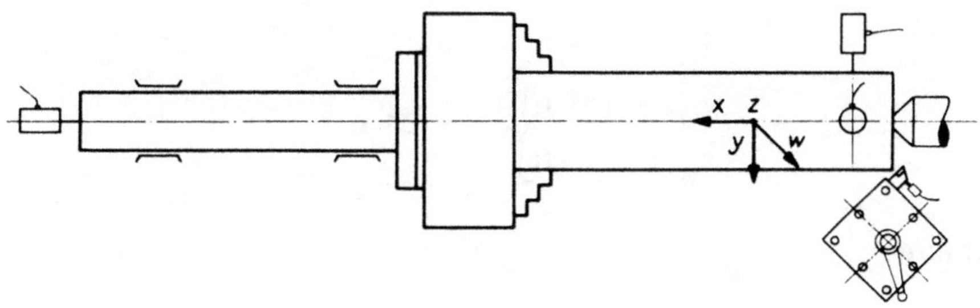

A b b i l d u n g 13

Versuchsanordnung zur Messung von Ratterschwingungen

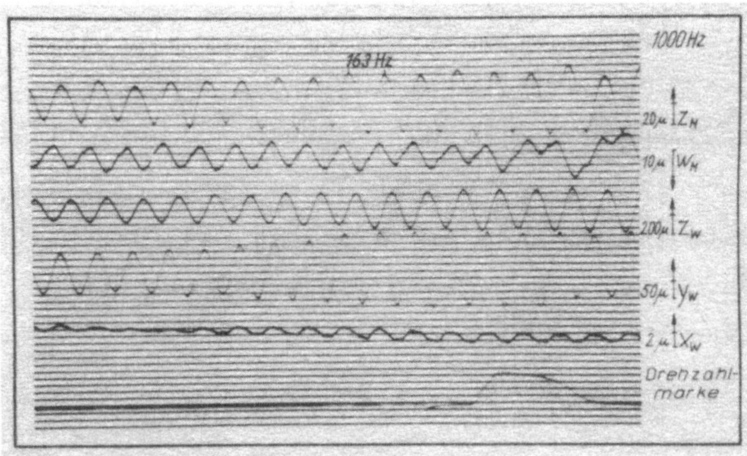

A b b i l d u n g 14

Bewegungen von Werkstück und Meißel beim Rattern

ten z und w messen. Abbildung 14 zeigt ein Oszillogramm, das beim Rattern aufgenommen wurde. Die Schnittbedingungen waren:

	Schnittgeschwindigkeit	v = 100 m/min	
	Vorschub	s = 0,12 mm/U	
	Schnittiefe	a = 2,1 mm	
	Werkstückmaterial:	C 45	
Werkzeug:	Spanwinkel γ	= 5°	Hartmetall L3
	Freiwinkel α	= 6°	
	Einstellwinkel $\varkappa$	= 45°	
	Abrundungsradius r	= 0,5 mm	

Alle Vorgänge zeigen Schwingungen der gleichen Frequenz von 163 Hz. Während die Schwingungen des Werkstückes in z- und y-Richtung annähernd harmonisch sind, trifft das für die Meißelbewegung nicht zu. Die Amplituden betragen (Abb. 14, angekreuzte Stelle) für das Werkstück:

$$\bar{z}_W = 175$$
$$\left.\begin{array}{l}\bar{y}_W = 115\mu \\ \bar{x}_W = 1{,}6\mu\end{array}\right\} \bar{w}_W = 81\,\mu$$

für das Werkzeug:

$$\bar{z}_M = 26\,\mu$$
$$\bar{w}_M = 5\,\mu$$

(Es ist zu beachten, daß in Abbildung 14 die einzelnen Vorgänge z.T. eine elektrisch bedingte Phasenverschiebung besaßen, die bei der Auswertung berücksichtigt werden wird). Abbildung 15 stellt eine Auswertung des aufgenommenen Oszillogrammes dar. Abbildung 15a zeigt die relative Schwingbewegung zwischen Werkzeug und Werkstück in Richtung w, die die Form der entsprechenden Rattermarke bedingt. Nimmt man an, daß der Meißel in Ruhe bleibt und sich nur das Werkstück in der z-w-Ebene bewegt, so wird die Oberflächenform durch die Gleichung

$$w_W = \bar{w}_W \cdot \sin \frac{\omega}{v} \left[v \cdot t + \bar{z}_W \cdot \sin (\omega t + \varphi) \right]$$

wiedergegeben (v ist die Schnittgeschwindigkeit und φ der Phasenwinkel zwischen den Schwingungen in w- und z-Richtung). Die ausgezogenen Kurven zeigen die Rattermarkenform bei Berücksichtigung der vertikalen Werkstückschwingung, die gestrichelte vernachlässigt diese. Die obere Kurve gibt die Rattermarkenform an der ausgewerteten Stelle des Diagrammes wieder, die untere die einer Umdrehung vorher. Der Meißel schneidet nach jeder Umdrehung in die Rattermarken der vorherigen Umdrehung hinein. Die Differenz zwischen der oberen und unteren Kurve ist die momentane theoretische Spandicke h_1 (Abb. 15b), Die statische Spandicke h_{1m} ist der Abstand der Mittellinien der beiden Kurven. In jeder Periode überschneiden sich die Kurven in einem bestimmten Bereich. Während dieser Zeit tritt die Meißelschneide aus dem Werkstück aus und die Spandicke wird gleich Null. Bei kleineren Amplituden tritt der Meißel natürlich nicht aus.
Die Phasenverschiebung zwischen einer Rattermarke und der einer Umdrehung vorher beträgt in diesem Falle 105°. Bei andern Versuchen schwankte sie zwischen 80° und 120°.- Die beiden Rattermarken der Abbildung 15a, die die Relativbewegung zwischen Werkstück und Werkzeug in Richtung w darstellen, kommen fast nur durch die Schwingung des Werkstückes in y-Rich-

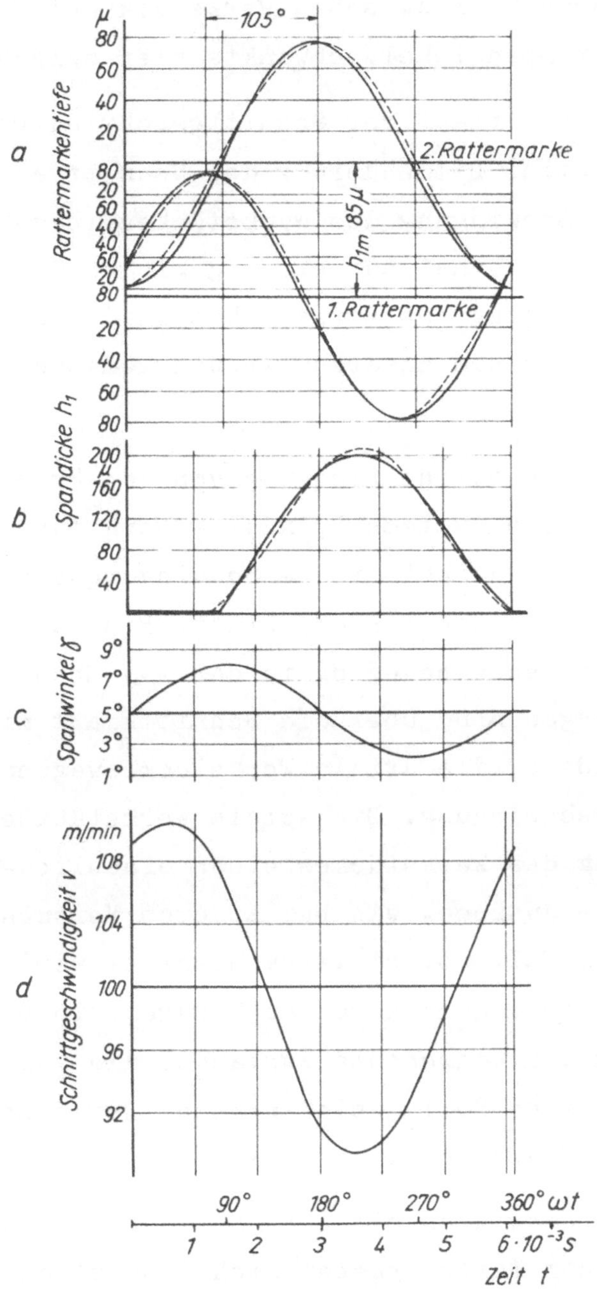

A b b i l d u n g 15

Der Verlauf der Spandicke h_1, des Spanwinkels und der Schnittgeschwindigkeit v beim Rattern

tung zustande. Die Werkstückbewegung in x-Richtung und die Werkzeugbewegung in w-Richtung, die sich auch auf die Rattermarkenform auswirken müßten, haben eine sehr geringe Amplitude.

In Abbildung 15c ist der momentane Spanwinkel γ aufgetragen. Die Änderung des Spanwinkels wird durch den Winkel zwischen der Richtung z und dem relativen Bewegungsvektor zwischen Werkstück und Werkzeug in der z-w-Ebene gegeben. Der Spanwinkel schwankte hier zwischen 2° und 8°.

Abbildung 15d zeigt den Verlauf der Schnittgeschwindigkeit. Sie schwankte zwischen 90 und 110 m/min. Die Änderung der Schnittgeschwindigkeit kommt fast allein durch die Schwingung des Werkstückes in z-Richtung zustande. Die Bewegung des Werkzeuges hat nur einen geringen Einfluß. Außerdem geht noch die Drehschwingung des Werkstückes in die Schnittgeschwindigkeit ein. Sie wurde bei einem anderen Versuch gemessen und ist meist zu vernachlässigen.

Die bei dem Versuch aufgetretene Frequenz von 163 Hz entspricht annähernd der Biegeeigenfrequenz des Systems Spindel - Werkstück - Reitstock. Es handelt sich hier um eine selbsterregte Schwingung des Systems. Die Biegung findet dabei nicht in einer Ebene statt. Ein Punkt der Werkstückachse führt eine elliptische Bewegung in der z-y-Ebene aus (Abb. 16). Alle anderen Schwingungen sind über die Schnittkraft mit dieser gekoppelt, vor allem die des Meißels, die axiale Werkstückbewegung und die (hier nicht gemessene) Drehschwingung. Die axiale Werkstückbewegung kann bei fliegender Einspannung des Werkstückes einen erheblichen Einfluß auf die Änderung der Spandicke ausüben, wie bei anderen Versuchen festgestellt wurde. Sie darf in dem Falle nicht vernachlässigt werden. Außer der zentrisch gemessenen Axialbewegung kommt auch durch die Biegelinie an der Schnittstelle eine axiale Komponente zustande, die vor allem bei großen Werkstückdurchmessern eine Rolle spielen kann. Der hier beschriebene Versuch zeigte folgendes Ergebnis:

Alle gemessenen Teile schwingen mit der gleichen Frequenz. Durch die Schwingung der einzelnen Teile ergeben sich zusätzlich zu den eingestellten Geschwindigkeiten (Schnitt- und Vorschubgeschwindigkeit) Relativbewegungen zwischen Werkzeug und Werkstück, die folgende wesentliche Zerspanungsgrößen ändern:

1. Die theoretische Spandicke h_1
2. Den Spanwinkel γ
3. Die Schnittgeschwindigkeit v

Die Änderung des Freiwinkels führt im allgemeinen nicht zu Schnittkraftänderungen. Wenn der Freiwinkel Null wird, steigt die Schnittkraft allerdings stark an.- Die Änderung der Schnittiefe (Spanbreite) ist relativ sehr gering und kann vernachlässigt werden.

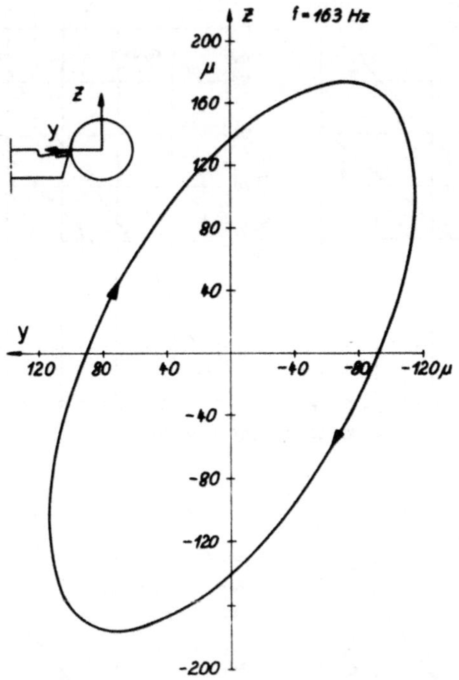

A b b i l d u n g 16
Bewegung eines Punktes der Werkstückachse beim Rattern

4.2 Statische Schnittkraftmessungen

Um die Ursache des Ratterns zu untersuchen, muß festgestellt werden, wie sich die Änderung von h_1, γ und v auf die Schnittkraft auswirkt. Der Einfluß dieser Größen auf die Schnittkraft soll einmal statisch untersucht werden, zum anderen beim Rattervorgang.

Zunächst wurden statische Schnittkraftmessungen (bei ratterfreier Zerspanung) durchgeführt. Dazu wurde ein Drei-Komponenten-Schnittkraftmesser, System OPITZ, verwendet. Es wurden Vorschubreihen gefahren, d.h. in jeder Versuchsreihe wurde nur der Vorschub variiert. Die Versuchsmaschine hatte für den Vorschub ein P.I.V.-Getriebe. Bei einer Versuchsreihe blieb der Meißel im Schnitt. Der Vorschub wurde im Schnitt verstellt. Die Instrumentenablesung erfolgte fotografisch. Werkzeug und Versuchsbedingungen waren, soweit nicht anders angegeben, dieselben wie bei Abbildung 14. Die Messungen wurden teils beim normalen Längsdrehen durchgeführt, wobei die Nebenschneide im Eingriff war, teils wurde ohne Eingriff der Nebenschneide gearbeitet. Die Abbildungen 17a-f zeigen eine Anzahl Schnittkraftmessungen, wobei die Nebenschneide außer Eingriff war, die Abdrängkraft also senkrecht zur Hauptschneide liegt. Die Diagramme

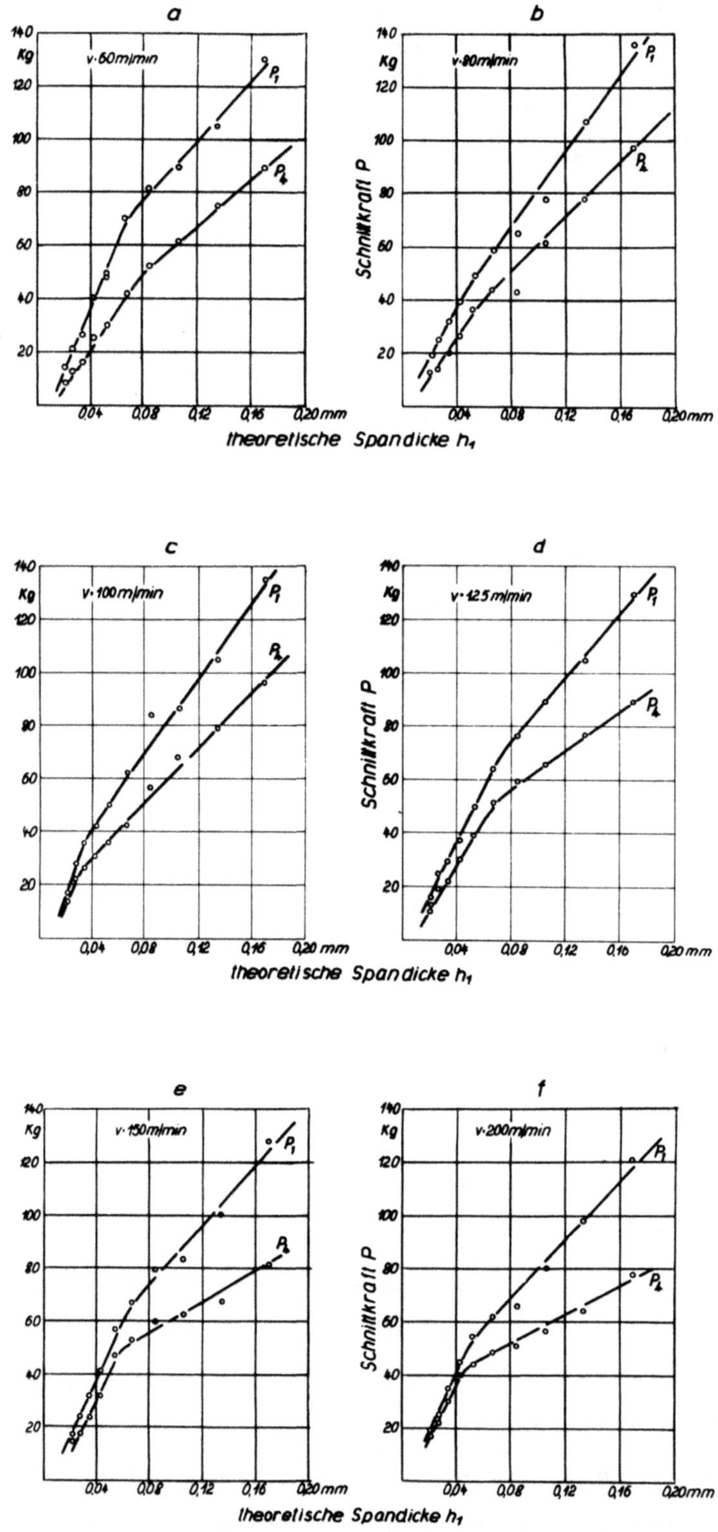

A b b i l d u n g 17

Schnittkraft in Abhängigkeit von der Spandicke h_1 bei verschiedenen Schnittgeschwindigkeiten

Schnittiefe a = 2,1 mm, Spanbreite b = 3 mm

zeigen die Schnittkräfte über der Spandicke h_1 aufgetragen. Die Steigung der Kurven sei als Spandickenkoeffizient r bezeichnet.

$$r = \frac{dP}{dh_1} \quad [kg/mm]$$

Da die Kurven in gewissen Bereichen nahezu linear verlaufen, kann man statt des Differentialquotienten auch den Differenzenquotienten verwenden. Dadurch ist es möglich, bei der später folgenden Stabilitätsrechnung den Koeffizienten r für einen bestimmten Bereich als Konstante einzusetzen.

Der Koeffizient r ist bei geringen Spandicken stets größer als bei großen Spandicken. Im allgemeinen wird angenommen, daß die Kurven Potenzfunktionen mit einem Exponenten 0,7 bis 0,8 darstellen.- Wenn man einmal annimmt, daß beim Rattern die Änderung der Schnittkraft hauptsächlich durch eine Spandickenänderung zustande kommt, so ist die Steigung der Kurve eine wichtige Konstante. Ist die Steigung groß, so ist auch die Schnittkraftänderung groß, und das Rattern wird begünstigt. Es sollen deshalb vor allem die Steigungen dieser Kurven diskutiert werden. Das geschieht später in Kapitel 5.1.

Zum Vergleich wurden auch Schnittkraftmessungen unter sonst gleichen Bedingungen durchgeführt, wobei die Nebenschneide im Eingriff war. Grundsätzlich war der Verlauf der Kurven gleich. Die Hauptschnittkraft blieb nahezu unverändert. Die Abdrängkraft wich dagegen zum Teil ab. Aus diesem Grunde wird bei der Untersuchung der dynamischen Schnittkräfte die zugehörige statische Schnittkraft, die unter gleichen Bedingungen ermittelt wurde (ohne Rattern), stets mit aufgetragen. Dadurch wird die Sicherheit des Vergleiches der Schnittkräfte erhöht.

Abbildung 18 zeigt den Verlauf der Schnittkräfte über dem Spanwinkel aufgetragen. Es wurde wieder ohne (a) und mit Nebenschneide (b) gearbeitet. Der Parameter ist die theoretische Spandicke. Die Kurven fallen alle mit steigendem Spanwinkel ab, die der Hauptschnittkraft flacher und die der Abdrängkraft steiler. Die Versuchsreihen wurden bei verschiedenen Schnittgeschwindigkeiten (60 bis 200 m/min) durchgeführt. Dabei zeigte sich, daß die Kurven bei kleinen Schnittgeschwindigkeiten steiler verlaufen als bei den großen. Bei Abbildung 8 betrug die Schnittgeschwin-

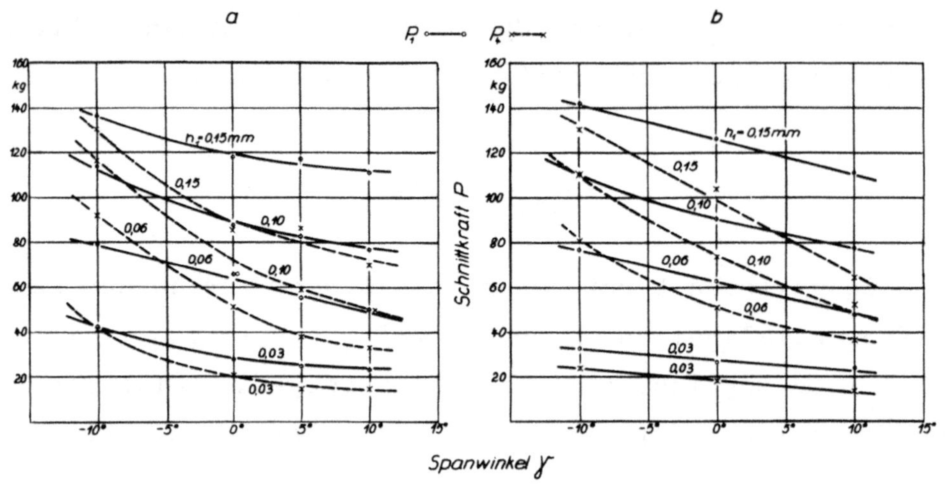

Abbildung 18

Schnittkraft in Abhängigkeit vom Spanwinkel

digkeit 100 m/min. - Bei sehr geringen Spandicken, z.B. von 0,03 mm, ist die Steigung der Kurven $(dP/d\gamma)$ sehr gering. Man muß jedoch bedenken, daß sich die Abrundung zwischen Span- und Freifläche einer mit einer Diamantscheibe geläppten Hartmetallschneide bis in einen Bereich von 0,015 bis 0,02 mm erstreckt. Der angeschliffene Spanwinkel ist also bei geringen Spandicken nicht der wirklich wirksame Spanwinkel.- Wie sich der Spanwinkel auf das Rattern auswirkt, wird später noch gezeigt werden. Man kann aus den Kurven schon ersehen, daß bei kleinen Spanwinkeln Rattern leichter auftreten wird. Abbildung 19 zeigt den Verlauf der Schnittkräfte über der Schnittgeschwindigkeit ohne (a) und mit Nebenschneide (b). Bei allen Spandicken verlaufen die Kurven sehr flach. Bei größeren Spandicken zeigt sich bei v = 80 bis 100 m/min ein Maximum. Darüber fällt die Kurve leicht ab. (Bei hochlegierten Stählen fällt die Schnittkraft z.T. stärker ab). Diese abfallende Charakteristik wurde von vielen Forschern als eine Ratterursache angegeben. Dem widerspricht, daß Rattern gerade bei kleinen Spandicken sehr leicht auftritt.

Es soll nun untersucht werden, wie sich die Änderung der Schnittbedingungen beim Rattern (Abb. 15) auf die Schnittkräfte auswirken müßte. Dabei wird jeder Einfluß getrennt von allen anderen betrachtet.- Die Spandicke schwankte zwischen Null und 0,2 mm (Abb. 15b). Dadurch müßten wir eine wechselnde Hauptschnittkraft P_1 zwischen 0 und 150 kg erhalten und eine wechselnde Abdrängkraft P_4 zwischen 0 und 110 kg.- Der Spanwinkel γ schwankte beim gleichen Versuch zwischen 2° und 8°, (Abb. 15c). Dadurch

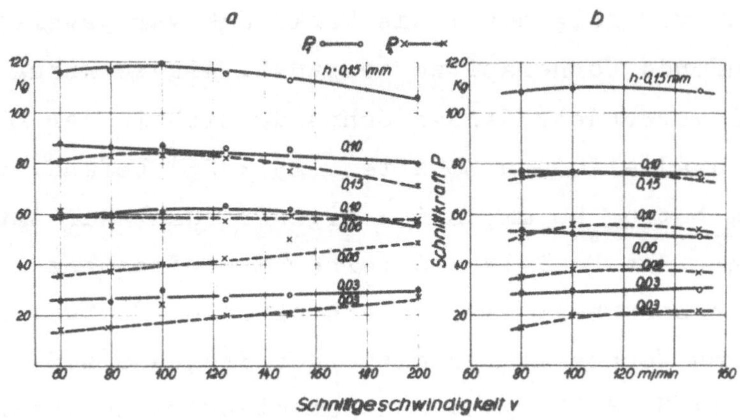

A b b i l d u n g 19

Schnittkraft in Abhängigkeit von der Schnittgeschwindigkeit. Werkzeug und Schnittbedingungen, soweit nicht angegeben, wie bei Abbildung 14

muß sich P_1 zwischen 70 und 80 kg ändern und P_4 zwischen 50 und 60 kg (siehe Abb. 18b).- Nach Abbildung 15d oszilliert die Schnittgeschwindigkeit zwischen 90 und 110 m/min um ihren Mittelwert (100 m/min). Die Schnittkraft wird dadurch praktisch nicht beeinflußt, wie Abbildung 19 zeigt.

Zusammenfassend kann man sagen, daß sich bei dem hier untersuchten Rattern hauptsächlich die Spandicke h_1 auf die Änderung der Schnittkräfte auswirken muß. Die Schwankung des Spanwinkels spielt eine wesentlich geringere Rolle und die der Schnittgeschwindigkeit praktisch keine.

4.3 Messung der wechselnden Schnittkraft beim Rattern und ihr Vergleich mit den statischen Schnittkräften

Durch die statischen Schnittkraftmessungen und die Schwingungsmessung an einer ratternden Maschine war gezeigt worden, daß die Änderung der theoretischen Spandicke h_1 und in geringerem Maße des Spanwinkels γ einen Einfluß auf die Schnittkraft ausübt. Bei den jetzt zu beschreibenden Versuchen soll lediglich der Verlauf der Spandicke h_1 berücksichtigt werden. Der Verlauf des Spanwinkels γ wirkt zwar auf die Größe der Schnittkraftschwankung ein, verursacht aber praktisch keine zeitliche Verschiebung z.B. des Maximums der Schnittkraft. Diese Feststellung ist wichtig für die folgenden Versuche.

Der Versuchsaufbau war folgender: Das Werkstück war jeweils zwischen Futter und mitlaufende Körnerspitze gespannt. Als Werkzeug wurde ein gerader Seitenstahl verwendet, dessen Schneide sich in der Höhe der neutralen Faser des quadratischen Schaftes (25 x 25) befand. Die Auskraglänge des Meißels betrug 50 mm, seine Eigenfrequenz war etwa 3400 Hz. Aus den Abmessungen des Meißels und seiner Eigenfrequenz geht hervor, daß er die gleiche Starrheit hat wie ein übliches Drehwerkzeug. Wird dieser Meißel durch Wechselkräfte mit einer Frequenz z.B. von 150 Hz belastet, so gibt die Meißelbiegung den Momentanwert der Kraft phasengetreu wieder. Die Meißelbiegung wird durch vier Dehnungsmeßstreifen gemessen. Dadurch kann die wechselnde Hauptschnittkraft P_1 und die Kraftkomponente, die senkrecht zur Hauptschnittkraft und zur Meißelschneide liegt, aufgenommen werden. Letztere ist bei Vernachlässigung des Einflusses der Nebenschneide die Abdrängkraft P_4. Außer den Kräften soll der zeitliche Verlauf der Spandicke h_1 gemessen werden. Dazu wurde die Bewegung des Werkstückes in Höhe der Schnittstelle in Richtung y aufgenommen und die Rattermarken auf der Schnittfläche der letzten Werkstückumdrehung abgetastet. Es wurde zur auswertenden Schwingungsperiode die zugehörige Rattermarke bestimmt. Die Rattermarke gibt den Verlauf der Spandicke h_1 richtig wieder, wenn nicht in frühere Rattermarken hineingeschnitten wird. Die Bewegung des Werkstückes in y-Richtung hat den Haupteinfluß auf die Spandicke. Durch die Messung dieses Vorganges wurde der Verlauf der Spandicke dem Kraftverlauf phasengetreu zugeordnet. Dabei wurde allerdings vernachlässigt, daß vor allem durch die Bewegung des Meißels in w-Richtung und die Werkstückbewegung in z- und x-Richtung eine Phasenverschiebung zwischen dem Verlauf der Werkstückbewegung y_w und der Spandicke h_1 auftreten kann. Diese Einflüsse wurden durch hier nicht beschriebene Versuche bei gleichen Verhältnissen ermittelt. Die dadurch zu erwartenden Fehler liegen zwischen 0° und 5° Phasenwinkel, also im Bereiche der Auswertegenauigkeit.- Wurde in die Rattermarken der vorherigen Umdrehung hineingeschnitten, so bestimmt sich die Spandicke aus der Differenz zwischen zwei Rattermarken, die eine Umdrehung auseinander liegen. Die Rattermarke der letzten Umdrehung ist aus der Abtastung bekannt, die vorherige wird durch Vergleich mit der Werkstückbewegung y_w erhalten. Eine sehr genaue Drehzahlmarke erlaubt die phasengetreue Zuordnung.

1. Versuch

Die Versuchsbedingungen waren dieselben wie bei Abbildung 14. Es wurde mit Längsvorschub gearbeitet. Der Meißel schneidet nach jeder Umdrehung in die vorherigen Rattermarken hinein. Abbildung 20 zeigt das aufgenommene Oszillogramm. Die Ratterfrequenz betrug entsprechend der Biegeeigenfrequenz des Systems 150 Hz. Bei der Messung der Schnittkraftkomponenten trat eine elektrisch bedingte Phasenverschiebung auf, die durch die abgesetzte senkrechte Linie angedeutet wurde. Ein Kreuz bezeichnet die ausgewertete Schwingungsperiode. An der rechten Seite der Abbildung werden die Schnittkräfte P_1 und P_4 zu Null. Der Meißel war aus dem Schnitt genommen worden. Das Werkstück führt eine abklingende Schwingung aus. Abbildung 21 stellt eine Auswertung des Oszillogrammes und der (nicht gezeigten) Rattermarkenabtastung dar. Unter a sind die beiden Rattermarken aufgetragen, die eine Werkstückumdrehung auseinanderliegen. Sie haben an der ausgewerteten Stelle eine Phasenverschiebung von 112°. Der Abstand der beiden Kurven ist die Spandicke h_1 (b). Die Schnittkraftkomponenten P_1 und P_4 wurden phasengetreu zugeordnet (c). Aus der Abbildung ist zu ersehen, daß das Minimum der Schnittkraft um einen Phasenwinkel von 15° hinter dem der Spandicke liegt. Die Maxima von Spandicke und Schnittkraft fallen zeitlich annähernd zusammen. Daraus geht hervor, daß jeder momentanen Spandicke h_1 nicht eine bestimmte Schnittkraft zugeordnet ist.

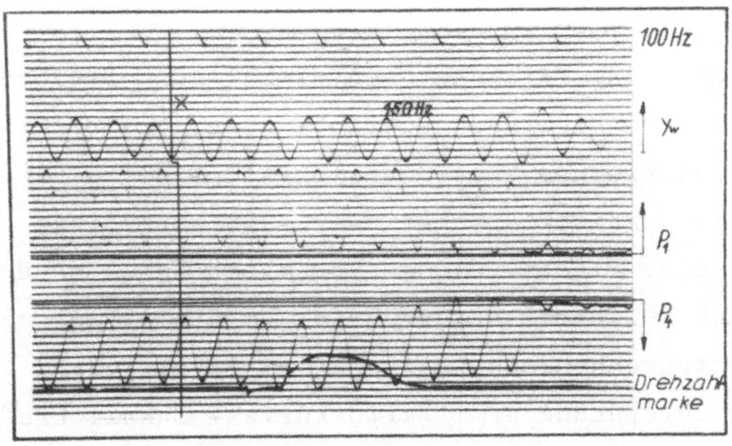

Abbildung 20

Werkstückbewegungen und Kräfte beim Rattern mit Hineinschneiden in Rattermarken. Versuchsbedingungen wie bei Abbildung 14

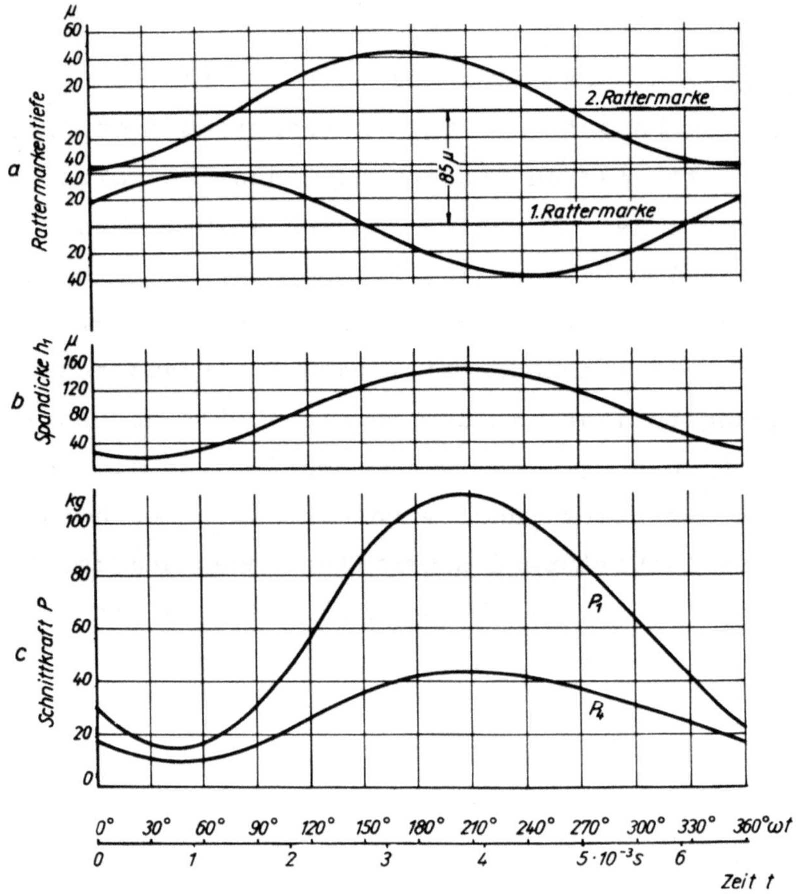

A b b i l d u n g 21

Der Verlauf der Spandicke h_1 und der Schnittkraftkomponenten P_1 und P_4 beim Rattern

Abbildung 22 zeigt diese Tatsache noch einmal auf. Die Schnittkraftkomponenten wurden für eine Schwingungsperiode über der Spandicke aufgetragen. Jeder Spandicke entsprechen zwei Schnittkraftwerte. Wird die Spandicke größer, so ist die Schnittkraft geringer, als wenn diese abnimmt. Die Kurve umschließt eine Fläche. Dieses Verhalten ist eine Ursache des Ratterns, wie auch DOI bereits ausführte. Um die dynamischen Schnittkräfte mit den entsprechenden statischen zu vergleichen, wurde auch die bei ratterfreier Zerspanung ermittelte Kurve - Schnittkraft über Spandicke - eingezeichnet. Während die Schnittkraftkomponente P_1 annähernd mit der dynamisch ermittelten Kurve übereinstimmt, ist das für die Abdrängkraft P_4 nicht der Fall. Die dynamisch ermittelte Kurve verläuft wesentlich flacher als die statisch gemessene. Die Ursache für dieses Verhalten ist nicht bekannt. Da die Abdrängkraft jedoch hauptsächlich durch die Reibung

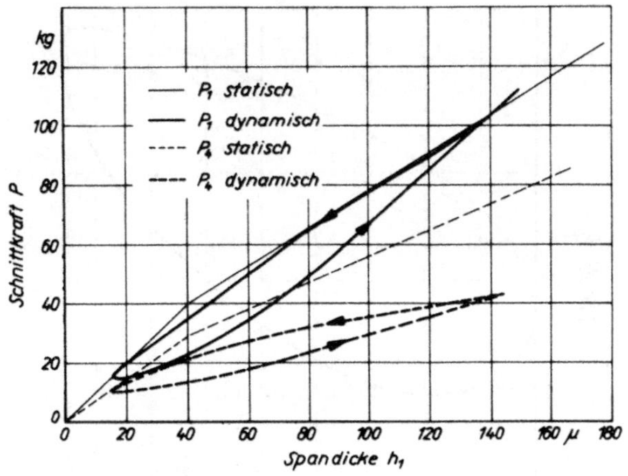

A b b i l d u n g 22

Schnittkraft in Abhängigkeit von der Spandicke, dynamisch und statisch

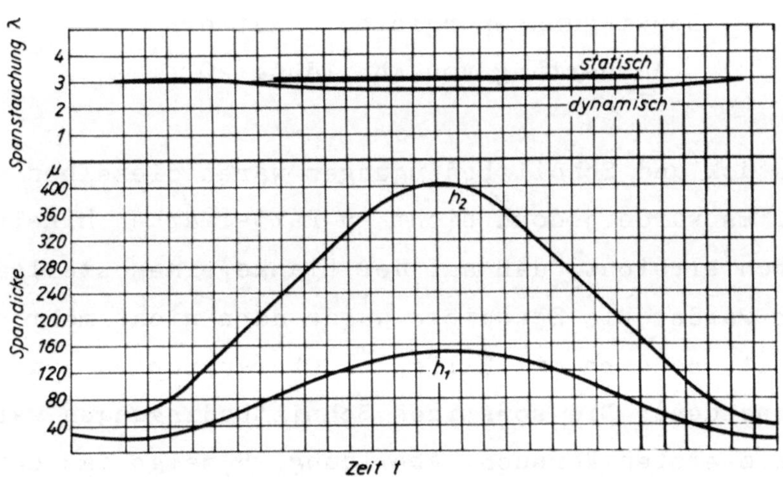

A b b i l d u n g 23

Vergleich der Spanstauchungen mit und ohne Rattern

des Spanes auf der Spanfläche zustande kommt, kann angenommen werden, daß der Reibungskoeffizient durch das Rattern geringer wird. Diese Tatsache wird durch die Bestimmung der Spanstauchung qualitativ bestätigt (Abb. 23). Die Spanstauchung lag bei ratterfreier Zerspanung bei etwas über 3. Beim Rattern schwankt sie zwischen 2,5 und 3, liegt im Durchschnitt also tiefer. Abbildung 24 zeigt die während einer Schwingungsperiode in Richtung w in das Schwingungssystem eingeleitete Energie. Wenn die Amplituden konstant bleiben, muß diese Energie gleich der verbrauchten Dämpfungsenergie sein. Die Energie ist in diesem Falle relativ groß, weil in Rattermarken hineingeschnitten wurde.

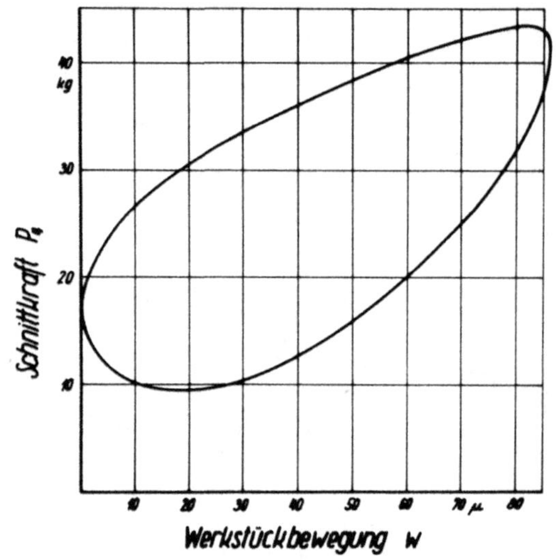

Abbildung 24

Schwingungsenergie beim Rattern

Auswertung von Abbildung 20

2. Versuch

Werkzeug, Werkstück und Schnittbedingungen waren dieselben wie beim ersten Versuch. Es wurde jedoch nicht in Rattermarken hineingeschnitten. Das wurde dadurch erreicht, daß auf der Flanke eines steilgängigen Gewindes geschnitten wurde. Die Spandicke wurde dann nicht mehr durch den Vorschub bestimmt, sondern mit Hilfe des Obersupportes zugestellt (wie beim Gewindeschneiden). Die sonstigen Schnittbedingungen waren etwa die gleichen wie beim ersten Versuch. Abbildung 25 zeigt das unter diesen Bedingungen aufgenommene Oszillogramm. Da der Meißel stets in eine glatte Fläche hineinschneidet, wird die momentane Spandicke h_1 nur durch die relative Bewegung zwischen Werkstück und Werkzeug in Richtung w bestimmt. Diese wird aus der Rattermarkenabtastung ermittelt und durch die Messung der Werkstückbewegung y_w den Schnittkraftkomponenten zeitlich zugeordnet (Abb. 26). Es zeigt sich hier, daß sowohl Maxima als auch Minima der Schnittkraftkomponenten zeitlich hinter denen der Spandicke h_1 liegen. Die Zeitdifferenz liegt etwa bei 0,4 bis $0{,}6 \cdot 10^{-3}$s. Abbildung 27 zeigt die Schnittkraftkomponenten über der Spandicke aufgetragen. Die dynamisch gemessenen Kurven umschließen auch hier wieder Flächen. Bei diesem Versuch entspricht eine Fläche direkt der Energie, die während einer Schwingungsperiode in Richtung w dem Werstück zugeführt wird. Die Energie ist in diesem Falle wesentlich geringer als beim Hineinschneiden in Rattermarken (siehe Abb 24). Es zeigt sich hier aber deutlich, daß unabhängig

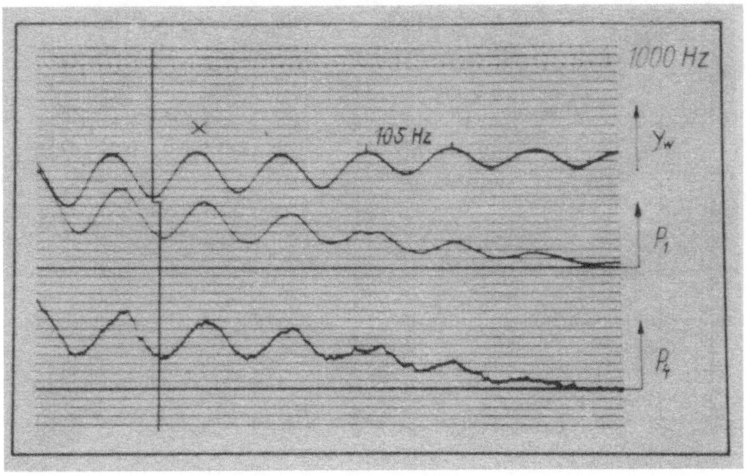

A b b i l d u n g 25

Werkstückbewegungen und Schnittkräfte beim Rattern ohne Hineinschneiden in Rattermarken. Schnittbedingungen wie bei Abbildung 14

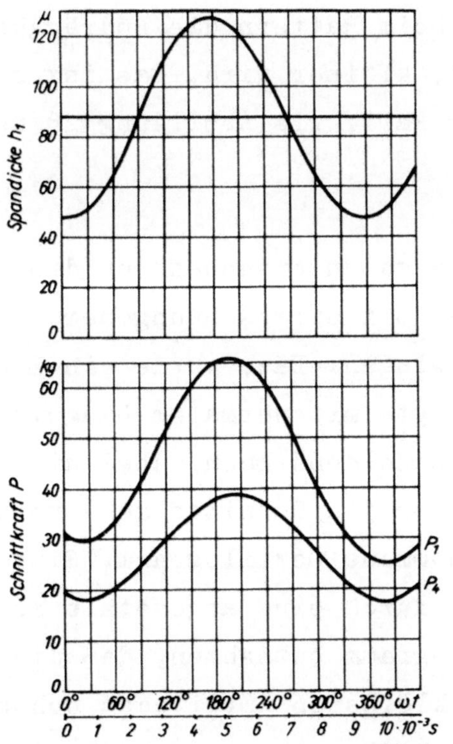

A b b i l d u n g 26

Verlauf der Spandicke und Schnittkraft beim Rattern

von der Fläche, in die der Meißel hineinschneidet, eine Verzögerung zwischen der Spandickenänderung und den Schnittkräften besteht. Diese Tatsache stellt eine Ursache des Ratterns dar. Auch bei dieser Messung

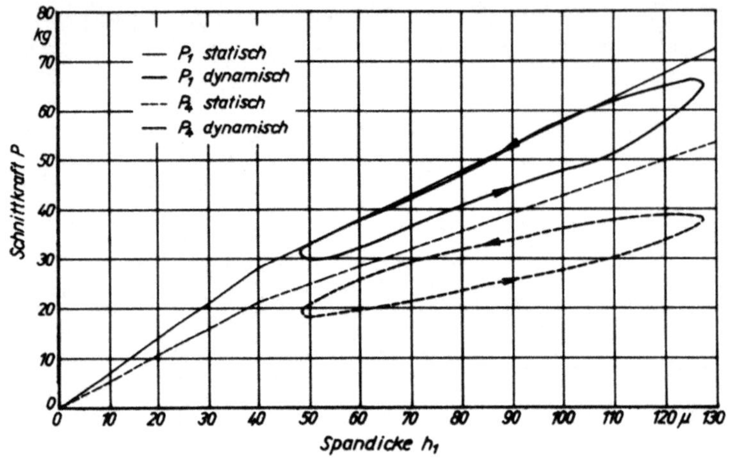

A b b i l d u n g 27

Schnittkraft in Abhängigkeit von der Spandicke, dynamisch und statisch

zeigte sich wieder, daß beim Rattern die Andrängkraft P_4, verglichen mit dem ratterfreien Zustand, kleiner wird. Das ist selbst bei relativ kleinen Ratteramplituden der Fall, wie Abbildung 28 zeigt.

3. Versuch

Es ist nur noch die Frage zu untersuchen, ob die gemessenen Zeitverzögerung der Schnittkraft nur bei eingeschwungenem Zustand vorhanden ist oder bereits beim Einschwingen. Dazu wurde ein Einschwingvorgang aufgenommen. Der Versuch erfolgte mit normalem Längsvorschub. Während der ersten Umdrehung des Anschneidens kann dabei nicht in Rattermarken hineingeschnitten werden, wenn die Schnittfläche vorher glatt war. Abbildung 29 zeigt das aufgenommene Oszillogramm. Eine elektrisch bedingte Phasenverschiebung wurde durch eine abgesetzte senkrechte Linie angedeutet. Man kann dem Oszillogramm entnehmen, daß die Zeitverzögerung der Schnittkraft selbst bei kleinsten Amplituden schon vorhanden ist. Sie muß also bei der Stabilitätsberechnung unbedingt berücksichtigt werden.

4. Versuch

Er wurde in der gleichen Weise durchgeführt wie der erste Versuch, also mit Hineinschneiden in Rattermarken. Als Werkstückmaterial wurde jedoch Gußeisen verwendet. Die Schnittiefe mußte größer gewählt werden, da bei der Zerspanung von Gußeisen das Rattern nicht so leicht auftritt wie bei

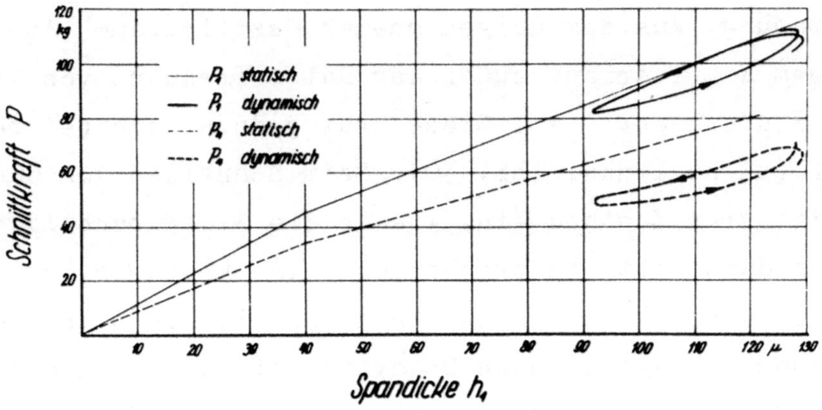

A b b i l d u n g 28

Schnittkraft in Abhängigkeit von der Spandicke, dynamisch und statisch

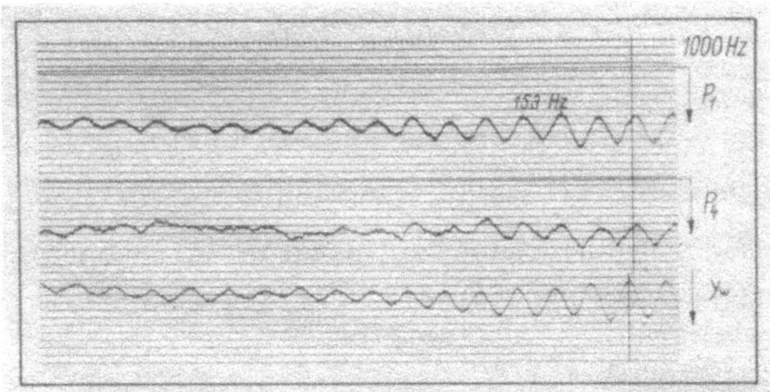

A b b i l d u n g 29

Werkstückbewegungen und Schnittkräfte beim Einschwingen
Schnittbedingungen wie bei Abbildung 14

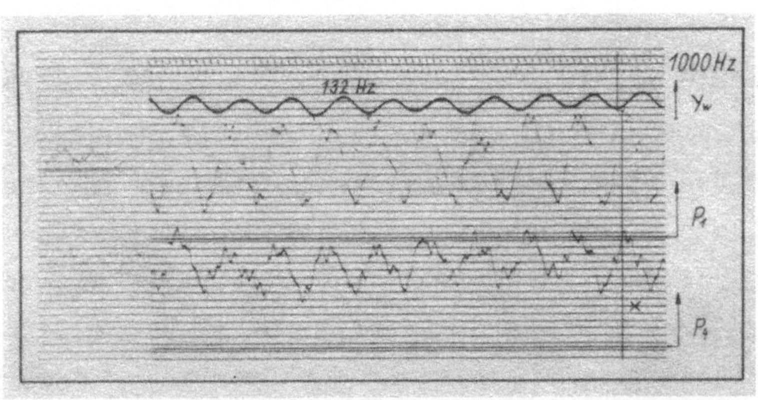

A b b i l d u n g 30

Werkstückbewegungen und Schnittkräfte beim Rattern.
Material: Gußeisen

der Stahlzerspanung. Aus dem aufgenommenen Oszillogramm (Abb. 30) ist zu ersehen, daß dem Kraftverlauf außer der Ratterfrequenz von 140 Hz eine höhere Frequenz überlagert ist. Diese trat jedoch auch bei ratterfreier Zerspanung auf (siehe links, Abb. 30). Beim Schneiden von Gußeisen stellt sich kein stationärer Zustand ein, wie es die Fliesspanbildung bei der Stahlzerspanung darstellt. Es brechen einzelne kleine Stücke aus dem Gußeisen heraus, wodurch eine schwankende Schnittkraft entsteht. Eine genaue Auswertung der dynamischen Schnittkraft in Abhängigkeit von der Spandicke beim Rattern ist darum nicht möglich. Ein Vergleich der mittleren Schnittkräfte beim Rattern mit denen bei ratterfreier Zerspanung (Abb. 30, links) zeigt, daß die Mittelwerte von Hauptschnittkraft und Abdrängkraft gut übereinstimmen. Der Reibungskoeffizient ist also in diesem Falle mit und ohne Rattern gleich.

Zusammenfassend kann man zu den experimentellen Untersuchungen des Rattervorganges sagen:

1. Jeder Punkt der Werkstückachse bewegt sich beim Rattern auf einer elliptischen Bahnkurve.
2. Von den sich dadurch andernden Zerspanungsbedingungen hat die Änderung der Spandicke den Haupteinfluß auf die Schnittkraft.
3. Die Schnittkraftänderung erfolgt verzögert hinter der Spandickenänderung (um etwa $0{,}5 \cdot 10^{-3}$s).
4. Bei der Stahlzerspanung sinkt die Abdrängkraft beim Rattern, verglichen mit der statischen Schnittkraft; bei Gußeisen zeigte sich dieses Verhalten nicht.

5. Die Abhängigkeit des Ratterns von den Zerspanungsbedingungen

Nach den Versuchsergebnissen des vorigen Kapitels mußte die Ratterneigung vom Anstieg der Schnittkraft mit der theoretischen Spandicke abhängen und von der Größe der Verzögerungszeit der Schnittkraftänderung bei einer Änderung der Spandicke. Als Maß für die Ratterneigung wird die Spanbreite gewählt, bei der gerade Rattern auftritt. Da sich die Schnittkraft (statisch und dynamisch) proportional mit der Spanbreite ändert, ist sie als Vergleichsmaß gut geeignet. Genau gilt das allerdings nur bei Vernachlässigung des Einflusses der Nebenschneide. TLUSTY bezeichnet die Spanbreite an der Stabilitätsgrenze als Grenzspanbreite.-

Die Stabilitätsgrenze kann bei jeder Maschine durch Vergrößerung der Spanbreite erreicht werden, vorausgesetzt, daß dies praktisch möglich ist.

5.1 Bedingungen, die mit dem Zerspanungsprozeß zusammenhängen

Bei der Änderung des Spanwinkels, der theoretischen Spandicke und der Schnittgeschwindigkeit wird sich der Spandickenkoeffizient r (kg/mm), der das Verhältnis von Schnittkraftänderung zur theoretischen Spandickenänderung bezeichnet, ebenfalls ändern. Mit der Spanbreite steigt r proportional an. Es soll nur qualitativ untersucht werden, ob einem größeren Koeffizienten r (bei konstanter Spanbreite) eine größere Ratterneigung bzw. kleinere Grenzspanbreite entspricht. Dieses soll zunächst für eine Änderung des Spanwinkels untersucht werden. Abbildung 31 zeigt den Verlauf des Spandickenkoeffizienten r bei konstanter Spanbreite und die Grenzspanbreite über dem Spanwinkel aufgetragen. Die theoretische Spandicke h_1 ist in diesem Falle sehr gering (0,045 mm). Die Abbildung zeigt, daß r mit ansteigendem Spanwinkel kleiner wird. Entsprechend steigt die Grenzspanbreite mit dem Spanwinkel an. Bei einer größeren theoretischen Spandicke (0,16 mm) ändert sich r mit dem Spanwinkel kaum, und die Grenzspanbreite bleibt praktisch konstant (Abb. 32). Für die Versuche wurde der statisch ermittelte Koeffizient r gewählt, da dieser an der Stabilitätsgrenze noch maßgebend sein muß. Beginnt das Rattern, so ändert sich der Koeffizient r_4 für die Abdrängkraft sofort. Er wird kleiner.

Für den Vorschub konnte die Abhängigkeit der Ratterneigung von dem Koeffizienten r (bei konstanter Spanbreite) ebenfalls bestätigt werden (Abb. 31 und 32). Bei kleinen Spandicken ist r am größten. Dementsprechend ist die Grenzratterbreite bei kleinen Spandicken geringer als bei großen. Von mehreren Forschern wurde eine Abhängigkeit der Ratteramplitude von der Schnittgeschwindigkeit festgestellt, wie sie Abbildung 33 zeigt. Der Verlauf des Koeffizienten r gibt eine Erklärung für dieses Verhalten. Nicht bei allen Bedingungen ändert sich r mit der Schnittgeschwindigkeit. Dadurch wird die Tatsache erklärt, daß das Rattern nicht immer durch Änderung der Schnittgeschwindigkeit zum Verschwinden gebracht werden kann. Wenn man das Rattern durch Änderung der Schnittbedingungen (Spanwinkel, Spandicke, Schnittgeschwindigkeit) beeinflußen will, so muß man solche Bedingungen wählen, die den Koeffizienten r verkleinern. Andere allgemeine Richtlinien lassen sich nicht geben.

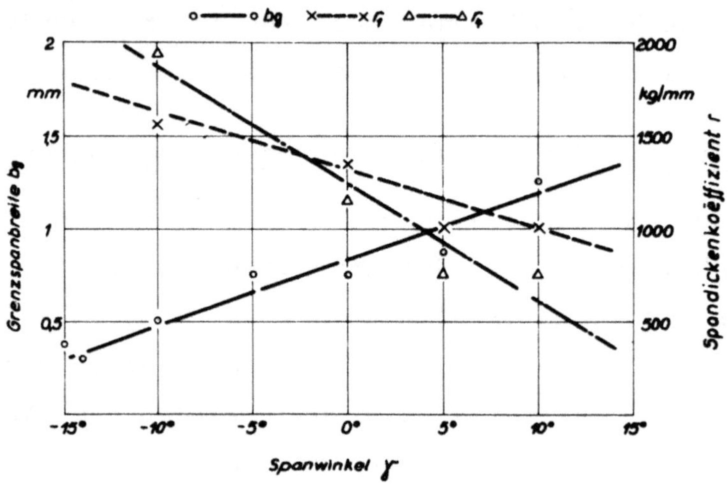

A b b i l d u n g 31
Grenzspanbreite und Spandickenkoeffizienten r_1 und r_4
in Abhängigkeit vom Spanwinkel

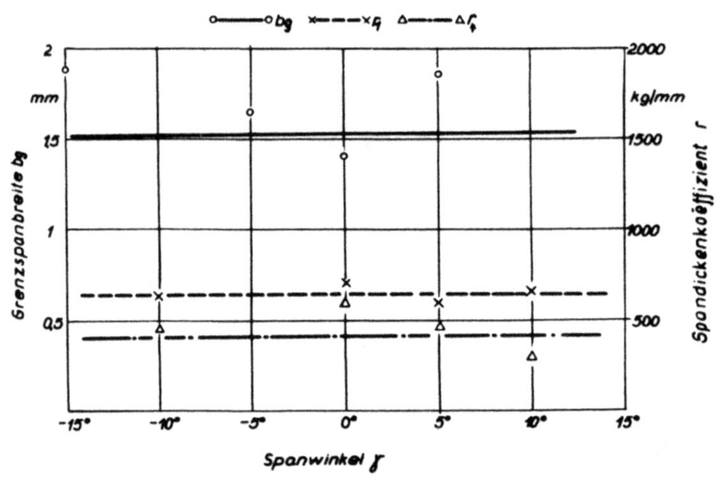

A b b i l d u n g 32
Grenzspanbreite und Spandickenkoeffizienten r_1 und r_4
in Abhängigkeit vom Spanwinkel

5.2 Bedingungen, die vom Schwingungsystem abhängen

Es gibt auch Zerspanungsbedingungen, die zerspanungstechnisch ohne Bedeutung sind, sich jedoch auf die Ratterneigung auswirken, da die Schnittkraftrichtung relativ zum Schwingungssystem geändert wird. Solche Bedingungen sind: Der Einstellwinkel χ bei konstanter Spanbreite b und Spandicke h_1 und die Drehrichtung und Lage des Werzeuges.

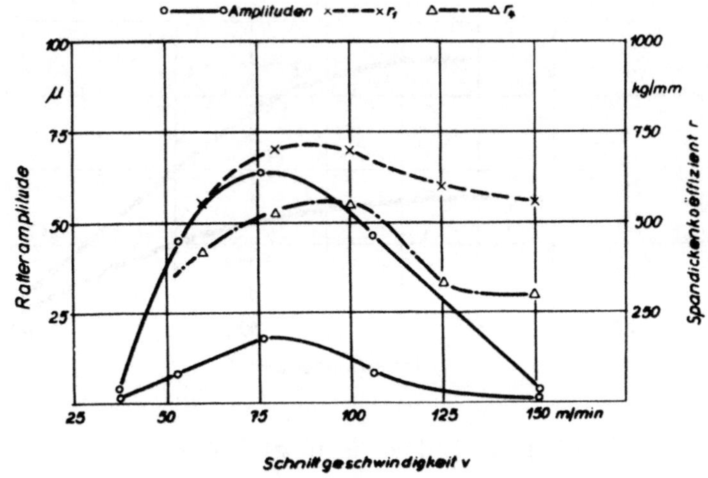

Abbildung 33
Ratteramplituden und Spandickenkoeffizienten in Abhängigkeit von der Schnittgeschwindigkeit

In Kapitel 4 war gezeigt worden, daß die Bewegung des Werkstückes in y-Richtung (eventuell auch in x-Richtung) den Haupteinfluß auf die Änderung der Spandicke hat. Damit ist diese Richtung von größter Bedeutung. Liegt nun die resultierende Schnittkraft in der z-y-Ebene, die Hauptschneide also in x-Richtung, so wird eine Schwingung des Werkstückes in y-Richtung eine maximale Schnittkraftänderung zur Folge haben. Je mehr sich die Hauptschneide in die y-Richtung dreht, um so geringer wird die Schnittkraftänderung bei einer Schwingung des Werkstückes in y-Richtung sein. Beim Längsdrehen wird aus diesem Grunde die Ratterneigung bei einem Einstellwinkel $\varkappa = 90^{\circ}$ minimal sein. Je kleiner der Einstellwinkel wird, um so mehr wird die Schnittkraft in die z-y-Ebene gedreht und die Ratterneigung nimmt zu. Abbildung 34 zeigt die Ratteramplituden über dem Einstellwinkel aufgetragen. Bei $\varkappa = 90^{\circ}$ ist das Rattern nahezu verschwunden, bei $\varkappa = 45^{\circ}$ hat es seinen maximalen Wert erreicht. In diesem Falle steigt die Amplitude bei einer weiteren Verringerung des Einstellwinkels nicht weiter an. Das kommt daher, daß bei der erreichten Amplitude eine Amplitudenbegrenzung durch das Austreten des Meißels aus dem Schnitt eintrat. Wenn die Meißelschneide bei großen Amplituden und geringen Spandicken aus dem Werkstück austritt, kann die zugeführte Energie nicht weiter gesteigert werden.- Aus der Praxis ist bereits bekannt, daß beim Einstechen sehr leicht Rattern auftritt. Das bestätigt die oben gemachten Aussagen.

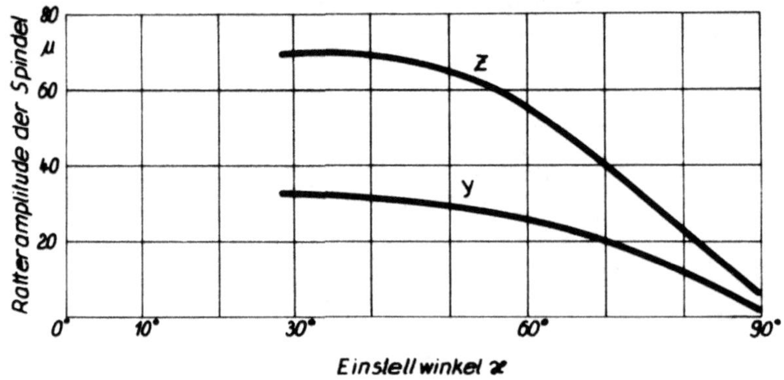

A b b i l d u n g 34

Ratteramplituden beim Längsdrehen in Abhängigkeit vom Einstellwinkel. b = 5 mm, h_1 = 0,07 mm

Ändert man die Drehrichtung und die Lage des Werkzeuges z.B. von vorne nach hinten, so kann sich die Stabilitätsgrenze erheblich verschieben. Abbildung 35 zeigt die Ratteramplituden des Werkstückes für die vier Möglichkeiten, die dabei bestehen (zwei verschiedene Drehrichtungen, zwei verschiedene Lagen des Werkzeuges). Dieses Beispiel zeigt, daß bei Rechtslauf der Spindel und vorne angeordnetem Meißel die größten Amplituden auftraten (a). Bei Rechtslauf und hinten eingespanntem Meißel (b) waren die Amplituden etwa auf den sechsten Teil abgefallen. Bei Linkslauf hatte die Anordnung des Werkzeuges keinen merklichen Einfluß auf das Rattern. Das hier gezeigte Beispiel hat keine allgemeine Bedeutung, da hierbei 3 verschiedene Einflüsse gleichzeitig wirken, die von der jeweiligen Maschine abhängig sind:

1. Wird die Spindel über Ritzel und Bodenrand angetrieben, so greifen am System Spindel - Werkstück außer den Lagerreaktionen zwei Kräfte an: die Kraft, die im Zahnrad übertragen wird und die Schnittkraft. Die Richtung der Kräfte zueinander kann verschieden sein. Beim Rattern werden beide Kräfte zu Wechselkräften. Je nach ihrer Richtung zueinander können sie die Biegung der Spindel begünstigen oder verringern.

2. Das System Meißel - Support kann sich bei verschiedenen Richtungen der Schnittkraft verschieden verhalten und dadurch das Rattern beeinflussen.

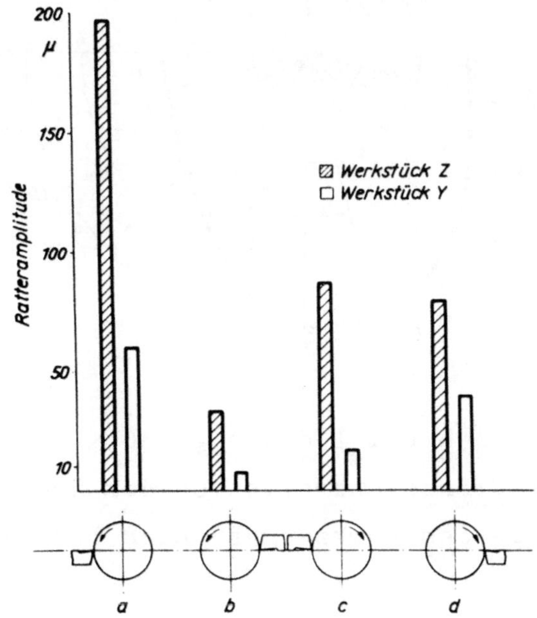

A b b i l d u n g 35

Ratteramplituden beim Einstechen bei verschiedenen Drehrichtungen und Lagen des Werkzeuges

3. Es wird bei der mathematischen Behandlung des Rattervorganges gezeigt werden, daß die Richtung der Schnittkraft zur Hauptschwingungsrichtung des Systems Spindel - Werkstück - Reitstock von großer Bedeutung für die Stabilitätsgrenze ist.

Den dritten Einfluß wies TLUSTY (24) durch einen überzeugenden Versuch nach. Eine Vorrichtung ermöglichte ihm, das Werkzeug um 180° um das Werkstück herum zu schwenken. Abbildung 36 zeigt die für die verschiedenen Lagen des Drehmeißels ermittelte Grenzspanbreite. Die Stabilität weist für die verschiedenen Richtungen Maxima und Minima auf. Das Verhältnis der größten Grenzspanbreite zur kleinsten beträgt in Abbildung 36 2:1.

Ein weiterer Einfluß wurde bisher nicht erwähnt: Das Lagerspiel der Spindel. Die Schnittkraft kann mit oder gegen die Schwerkraft wirken. Dieser Einfluß wurde bisher nicht untersucht und wird auch in dieser Arbeit nicht behandelt werden. An einer normalen Drehbank ist es kaum möglich, diese Einflüsse getrennt zu untersuchen, da stets mehrere gleichzeitig wirksam sind. Auf diesem Gebiete sind noch weitere Untersuchungen erforderlich.

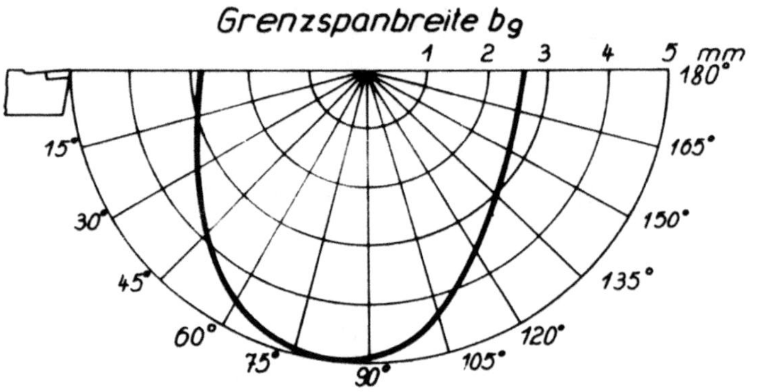

A b b i l d u n g 36
Die Abhängigkeit der Grenzspanbreite von der Schnittkraftrichtung (Lage des Werkzeuges) nach TLUSTY

6. Die Abhängigkeit des Ratterns von den elastischen Eigenschaften des Meißels

Zunächst soll an Hand zweier Versuche nachgewiesen werden, daß das Rattern des Systems Spindel - Werkstück außer von den dynamischen Eigenschaften dieses Systems auch von denen des Meißels abhängt. Abbildung 37a zeigt oben die erste Versuchsanordnung. Ein Einstechmeißel sticht mit Planvorschub in ein fliegend eingespanntes Werkstück ein. Bei einer kleinen Auskraglänge (30 mm) tritt kein Rattern auf. Die Werkstückamplitude in z-Richtung ist gleich Null. Bei einer Vergrößerung der Meißelauskraglänge steigt die Ratteramplitude stark an und erreicht bei einer Auskraglänge von 80 mm etwa 100 μ . Beim Plandrehen mit einem Meißel, dessen Schaft parallel zur Drehachse liegt (Abb. 37b), haben wir eine umgekehrte Tendenz. Es wurden solche Schnittbedingungen gewählt, daß bei kurz eingespanntem Meißel starkes Rattern auftrat. Bei Vergrößerung der Auskraglänge sank die Amplitude ab, und schließlich verschwand das Rattern ganz. Es ist natürlich möglich, daß dann der lang auskragende Meißel selbsterregte Schwingungen ausführt (Pfeifen des Meißels), was jedoch durchaus nicht zu sein braucht. Im untersuchten Falle trat kein Meißelpfeifen auf. Es bleibt also zu beachten, daß das Rattern der Spindel einmal durch eine Verringerung der Federsteife des Meißels anstieg, bei der zweiten Anordnung des Meißels abfiel. Die Erklärung dafür ist folgende: Im ersten Falle zieht sich die Meißelschneide bei einer Vergrößerung der Schnittkraft ins Werkstück hinein und vergrößert damit diese noch mehr.

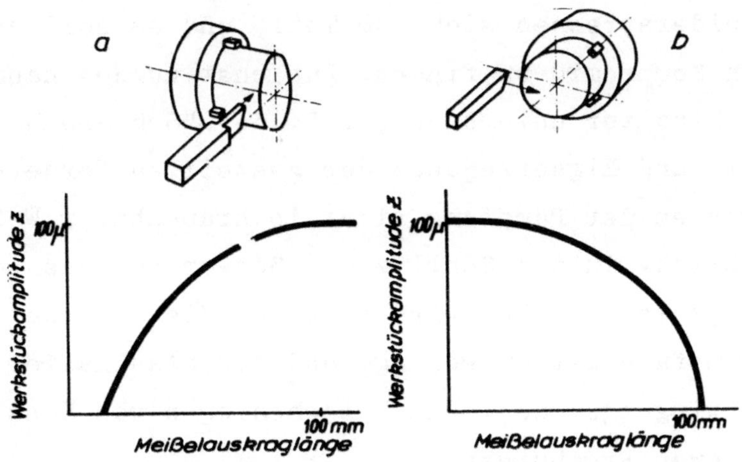

Abbildung 37

Rattern beim Einstechen bzw. Plandrehen bei verschiedenen Meißelauskraglängen und Anordnungen des Meißelschaftes

Im zweiten Fall kann die Schneide nach hinten ausweichen und damit eine Spanquerschnittsänderung vermindern. Bei größerer Auskraglänge verstärken sich diese Einflüsse.- Bei dieser Überlegung wurde der statische Fall der Meißelbiegung zugrunde gelegt. Das ist natürlich nicht ohne weiteres zulässig. Da die Ratterfrequenz jedoch immer weit unter der Eigenfrequenz des Meißels liegt, haben wir für den Meißel eine stark unterkritische Fremderregung. Dadurch müßte sich der Meißel ähnlich wie bei statischer Belastung verhalten. Es ist aber nicht nur die Eigenfrequenz des Meißels maßgebend, sondern auch die der dahinter liegenden Teile, des Supportes und Bettes. In vielen Fällen ist die Dämpfung des Supportes jedoch so groß, daß man keine Eigenfrequenz mehr feststellen kann (siehe Kap. 3.2).

Es soll nun untersucht werden, wie diese Überlegungen praktisch verwertet werden können. Die Forderungen, die dazu an ein Werkzeug gestellt werden müssen, sind folgende:

1. Große Nachgiebigkeit in waagerechter Richtung senkrecht zur Hauptschneide (Richtung w).

2. Trotz der geringen Starrheit genügend hohe Eigenfrequenz, die ein Mehrfaches der Ratterfrequenz betragen soll.

3. Die Dämpfung muß so groß sein, daß das Werkzeug keine selbsterregten Schwingungen ausführt; aber nicht zu groß, damit das Werkzeug noch annähernd phasengleich bei einer Vergrößerung der Spandicke ausweicht.

Die Forderungen widersprechen sich zum Teil, und es soll versucht werden, einen brauchbaren Kompromiß zu finden. Zunächst wurden handelsübliche federnde Abstechstahlhalter untersucht, z.B. der "Schwanenhals". Während die Nachgiebigkeit und Eigenfrequenz den gestellten Forderungen entsprachen, war das Problem der Dämpfung nicht in brauchbarer Weise gelöst worden. Es ist üblich, in den Schlitz des Schwanenhalses Leder als Dämpfungsmittel einzupressen. Dabei wird entweder die Starrheit zu stark erhöht, oder die Dämpfung ist zu gering, und der Stahlhalter führt im Schnitt selbsterregte Schwingungen aus. Das Zwischenlegen von Kunststoffschichten bringt keine besseren Ergebnisse.

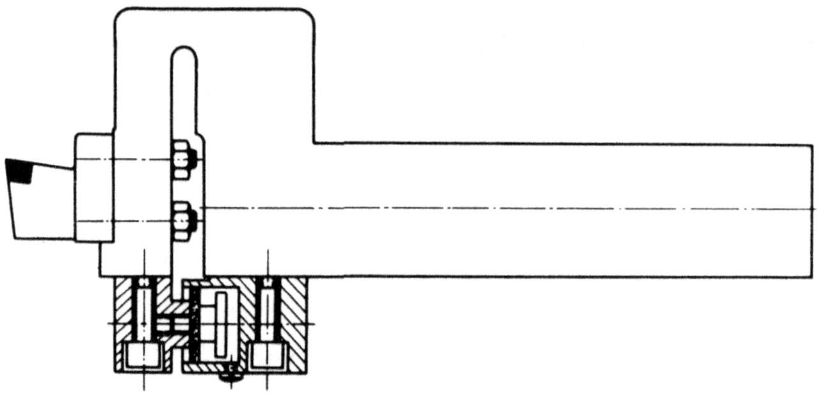

A b b i l d u n g 38
Federnder Stahlhalter mit hydrodynamischem Dämpfer
für Längsdrehen und Einstechen

Es wurde nun eine eigene Konstruktion ausgeführt, die in Abbildung 38 dargestellt ist. Das Prinzip des Schwanenhalses wurde übernommen. Der Dämpfer arbeitet als Flüssigkeitsdämpfer. Die Flüssigkeit besteht aus zähflüssigem depolymerisiertem Kautschuk, dessen Viskosität in dem praktisch vorkommenden Temperaturbereich nahezu unabhängig von der Temperatur ist. Die Flüssigkeit preßt sich beim Schwingen des Kolbens zwischen diesem und der Zylinderwand hindurch.

Das statische Verhalten des Stahlhalters zeigt Abbildung 39 a-c. Unter a ist die Biegelinie bei vertikaler Belastung dargestellt, daneben (b) die bei horizontaler Belastung. Die Biegelinien sind in ihrer Form ähnlich. Die Verformung findet nicht nur im geschwächten Querschnitt (oben) statt, sondern auch im vorderen Schenkel. Da sowohl die vertikale, als auch die horizontale Belastung eine horizontale Verlagerung der Meißel-

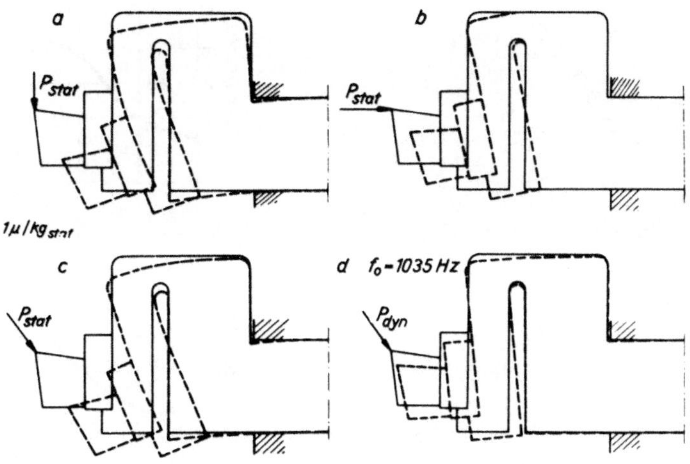

A b b i l d u n g 39

Statische und dynamische Biegelinien eines federnden Stahlhalters

schneide bewirken, ist es nicht sinnvoll, für die beiden Richtungen Federkonstanten anzugeben. Abbildung 39c zeigt die Biegelinie bei einer schräg wirkenden Kraft. Die Kraftrichtung entspricht der einer normalen Schnittkraft (P_1/P_4 = 1,5). Bei dieser Kraftrichtung beträgt die horizontale Verlagerung der Schneide 0,8 μ /kg, der Kehrwert davon sei α = 1,25 kg/μ. Die vertikale Auslenkung der Schneide hat für die Beeinflussung des Ratterns keine Bedeutung.

Die dynamische Biegelinie ist der statischen ähnlich (Abb. 39d). Die Eigenfrequenz des ungedämpften Meißels beträgt 1035 Hz. Die Dämpfung d betrug bei aufgeschraubtem Dämpfer D = 0,045. Nimmt man eine Ratterfrequenz von 150 Hz an, mit der der Meißel in erschwungene Schwingungen versetzt wird, so kann man nachrechnen, daß der Phasenwinkel zwischen Kraft und Ausschlag vernachlässigbar klein ist. Der Meißel müßte also bei einer Änderung der Schnittkraft verzögerungslos ausweichen. Es soll nun an Hand der Abbildung 40 gezeigt werden, wie sich die Spandicke bei Annahme verzögerungslosen Ausweichens des Meißels verhalten müßte. Die Gerade r = 0,9 kg/μ zeigt den Schnittkraftverlauf (vereinfacht) bei Änderung der Spandicke bzw. der Verlagerung von Werkstück und Werkzeug. Die Gerade α = 1,25 kg/μ gibt das horizontale Ausweichen der Meißelschneide unter der Wirkung der resultierenden Schnittkraft wieder.- Zunächst werde ein ungestörter Zerspanungsvorgang angenommen. Die Schnittkraft beträgt P_1 und die statische Lage von Werkstück und Meißelschneide y_1. Es trete nun eine plötzliche

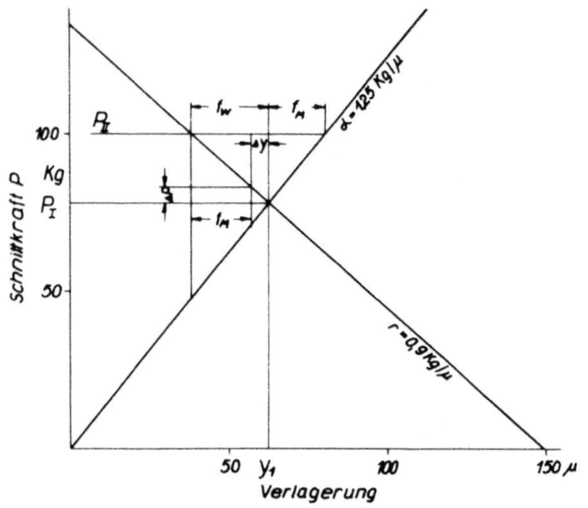

Abbildung 40
Prinzipskizze zur Darstellung der Wirkungsweise eines federnden Stahlhalters

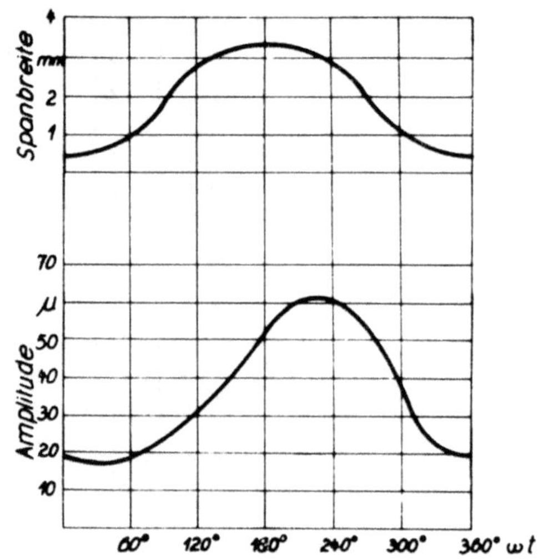

Abbildung 41
Bewegung eines federnden Stahlhalters bei Erregung im Schnitt durch wechselnde Spanbreite

Verlagerung des Werkstückes um den Betrag f_w auf. Die Schnittkraft müßte dadurch auf den Wert P_2 steigen. Durch diesen Kraftzuwachs würde der Meißel um den Betrag f_M ausweichen. Die wirklich auftretende Spandickenänderung ist also $\Delta y = f_w - f_M$ und die Schnittkraftänderung ΔP. Der Meißel wurde nun durch Zerspanen eines Werkstückes mit gewellter Oberfläche mit einer Frequenz von 150 Hz in erzwungene Schwingungen versetzt. Abbildung 41 zeigt den Verlauf der Spanbreite und die Bewegung der Meißelschneide. Der Phasenwinkel zwischen den Extremwerten der Spanbreite und der Meißelschwingung liegt zwischen 36° und 43°. Wenn man bedenkt, daß beim Rattern die Verzögerung zwischen der Schnittkraftänderung und der Spanquerschnittsänderung bei dieser Frequenz etwa 25° betrug, so folgt der Meißel der Schnittkraft tatsächlich nahezu verzögerungslos.

Es soll nun untersucht werden, wie der federnde Stahlhalter im Vergleich zu normalen Meißeln das Rattern beeinflußt. Dazu wurden Versuche beim Längsdrehen durchgeführt. Es zeigte sich, daß beim Drehen mit dem federnden Werkzeug bei größeren Schnittiefen das Rattern zwar nicht ganz verhindert wurde; die Amplituden bleiben jedoch sehr klein. Die Tabelle zeigt die Spanbreiten, bei denen eine Ratteramplitude von etwa 25 μ erreicht wurde.

T a b e l l e 1

	Ratteramplitude	Spanbreite
Federnder Stahlhalter	25 μ	4,2 mm
Gerader Schruppmeißel	≈ 25 μ	1,75 ... 2,1 mm
Gebogener Schruppmeißel	≈ 25 μ	1,4 ... 1,75 mm

Bei federnden Stahlhalter trat auch bei größeren Spanbreiten (bis 6 mm) kein stärkeres Rattern auf. Die Dämpfung war dann jedoch nicht mehr groß genug, und es traten selbsterregte Schwingungen des Werkzeuges auf. Bei den anderen beiden Werkzeugen erreichten die Ratteramplituden bei den Spanbreiten von 2,1 bzw. 1,75 mm bereits unzulässig hohe Werte. Der gerade Schruppmeißel führt beim Rattern nur sehr geringe Amplituden aus. Demgegenüber zieht sich der gebogene Schruppmeißel bei einer Vergrößerung der Schnittkraft etwas ins Werkstück hinein (Biege-Torsion). Dadurch ist die Grenzspanbreite etwas geringer als beim geraden Schruppmeißel.

Die Versuchsergebnisse zeigen, daß der federnde Stahlhalter bei einem dynamisch unstarren System die Ratteramplituden so stark begrenzt, daß sie bei Schrupparbeiten als zulässig angesehen werden können. Wahrscheinlich wurde mit dem gezeigten Stahlhalter noch nicht das Optimum erreicht. Vor allem kann die Dämpfung noch weiter erhöht werden. Dadurch würden mit diesem Werkzeug sehr schwere Schnitte an relativ unstarren Maschinen ermöglicht.

7. Mathematische Behandlung der untersuchten Ratterschwingungen

Nimmt man das System Werkzeug - Support als starr an, so wird das Rattern des Systems Spindel - Werkstück - Reitstock durch drei Ursachen hervorgerufen:

1. Durch wiederholtes Hineinschneiden in Rattermarken,
2. durch die Steuerung der Spandicke bei einer Schwingung des Werkstückes in zwei Freiheitsgraden (Lagekopplung)
3. durch die Verzögerung der Schnittkraftänderung bei einer Änderung der Spandicke.

Alle drei Einflüsse treten beim Drehen gleichzeitig auf und müßten im mathematischen Ansatz berücksichtigt werden. Es wurde nun ein Versuch durchgeführt, wobei die Stabilitätsgrenze (Grenzspanbreite) einmal beim normalen Längsdrehen mit Überschneidung der Rattermarken der vorhergehenden Umdrehung bestimmt wurde. In einem zweiten Versuch wurde die Grenzspanbreite beim Drehen auf einer Gewindeflanke festgestellt, wobei keine Überschneidung stattfand. Die Versuchsbedingungen (Schnittbedingungen, Schwingungssystem mit Maschine und Werkstück, Schnittstelle usw.) waren bei beiden Versuchen gleich. Im ersten Fall betrug die Grenzspanbreite 5,5 mm, im zweiten lag sie zwischen 5,5 und 6 mm. Die Stabilitätsgrenze ist also nahezu unabhängig davon, ob mit Überschneidung der Rattermarken gearbeitet wird oder nicht. Im ersten Fall steigen allerdings die Amplituden wesentlich stärker an.

Die beiden Versuche haben gezeigt, daß man Punkt 1 bei der Berechnung der Stabilität vernachlässigen kann. Lediglich Punkt 2 und 3 müssen berücksichtigt werden. Abbildung 42 zeigt das Schwingungssystem in chematischer Darstellung. Die Richtungen der Federn, die an der Masse m angreifen, entsprechen den Koordinatenrichtungen von x_1 und x_2. Sie liegen unter einem Winkel α bzw. $90^\circ - \alpha$ zu dem alten Koordinatensystem y - z.

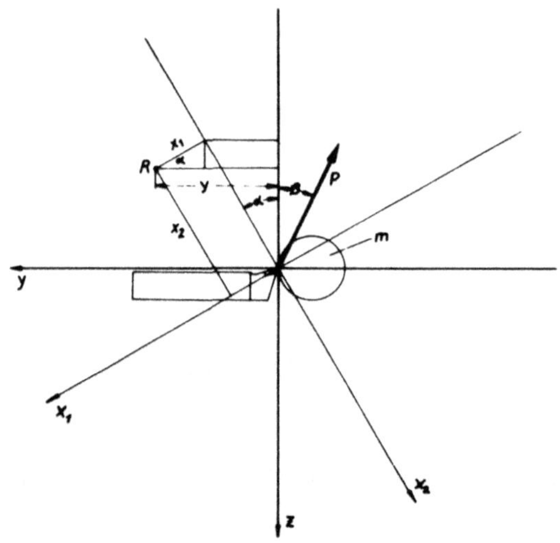

A b b i l d u n g 42
Schematische Darstellung des Schwingungssystems nach TLUSTY

Der Einfachheit halber soll hier ein Einstechvorgang angenommen werden. Die Bewegung der Masse m in y-Richtung wirkt sich voll als Spandickenänderung aus. Die Schnittkraft P bildet den Winkel ß zur Koordinate y. Die Änderung der Schnittkraft ist:

$$\Delta P = r \cdot y$$

und

$$y = x_1 \cdot \cos\alpha - x_2 \cdot \sin\alpha \, .$$

Die Bewegungsgleichungen lauten nun:

$$\begin{aligned} m \cdot \ddot{x}_1 + k_1 \dot{x}_1 + c_1 x_1 &+ r \cdot \sin(\beta+\alpha) \cdot \cos\alpha \cdot x_1(t-\tau) \\ &- r \cdot \sin(\beta+\alpha) \cdot \sin\alpha \cdot x_2(t-\tau) = 0 \quad (1) \\ m \cdot \ddot{x}_2 + k_2 \dot{x}_2 + c_2 x_2 &- r \cdot \cos(\beta+\alpha) \cdot \sin\alpha \cdot x_2(t-\tau) \\ &+ r \cdot \cos(\beta+\alpha) \cdot \cos\alpha \cdot x_1(t-\tau) = 0 \quad (2) \end{aligned}$$

Der Koeffizient r drückt das Verhältnis der Zunahme der Schnittkraft P zur Zunahme der Spandicke h_1 (hier y-Bewegung) aus und τ die Zeitverzögerung der Schnittkraftänderung bei einer Änderung der Spandicke. Die Versuche in Kapitel 4 haben gezeigt, daß der Koeffizient r und der Winkel ß beim Rattern andere sind als bei ratterfreier Zerspanung. Bis zur Stabilitätsgrenze können jedoch die statisch gemessenen Werte angenommen werden. Der Winkel ß wird durch die Beziehung

$$\operatorname{cotg} \beta = \frac{P_1}{P_4}$$

bestimmt. Die Zeitverzögerung τ ist eigentlich keine Konstante. Das ist aus den Abbildungen 21 und 26 zu entnehmen. Bei einer sinusförmigen Änderung der Spandicke h_1 hat die Schnittkraft durchaus keinen sinusförmigen Verlauf mit einem konstanten Phasenwinkel φ. Man kann jedoch einen Phasenwinkel φ bestimmen, bei dem die ins Schwingungssystem hineingeleitete Energie genau so groß ist, wie es den experimentellen Ergebnissen entspricht. Die Koeffizienten, die das Schwingungssystem bestimmen (die reduzierte Masse m, der Dämpfungsfaktor k, die Federkonstante c und der Winkel α), müssen experimentell ermittelt werden. (Siehe Kapitel 3.1).- Die Gleichungen (1) und (2) können nun weiter ausgewertet werden, wenn man bedenkt, daß sie nur bis zur Stabilitätsgrenze Gültigkeit haben und nicht zur Berechnung der Amplituden verwendet werden können. Wir setzen

$$f_1 = r \cdot \sin(\beta+\alpha) \cdot \cos\alpha \, ; \qquad f_2 = r \cdot \cos(\beta+\alpha) \cdot \sin\alpha \, ;$$

$$g_1 = r \cdot \sin(\beta+\alpha) \cdot \sin\alpha \, ; \qquad g_2 = r \cdot \cos(\beta+\alpha) \cdot \cos\alpha \, ;$$

wodurch die Gleichungen (1) und (2) geschrieben werden können:

$$m\ddot{x}_1 + k_1\dot{x}_1 + c_1x_1 + f_1x_1\,(t-\tau) - g_1x_2\,(t-\tau) = 0 \qquad (1')$$

$$m\ddot{x}_2 + k_2\dot{x}_2 + c_2x_2 - f_2x_2\,(t-\tau) + g_2x_1\,(t-\tau) = 0 \qquad (2')$$

Zur Lösung der Gleichungen verwenden wir den Ansatz:

$$x_1 = x_{10}\cdot e^{pt}; \qquad x_2 = x_{20}\cdot e^{pt}$$

$$x_1\,(t-\tau) = x_{10}\cdot e^{p(t-\tau)} = x_{10}\cdot e^{pt}\cdot e^{-p\tau};$$

$$x_2\,(t-\tau) = x_{20}\cdot e^{p(t-\tau)} = x_{20}\cdot e^{pt}\cdot e^{-p\tau};$$

Diesen Ansatz setzen wir in die Gleichungen (1') und (2') ein und erhalten

$$(mp^2 + k_1p + c_1 + f_1e^{-p\tau})x_{10} - g_1\cdot e^{-p\tau}\cdot x_{20} = 0$$

$$g_2\cdot e^{-p\tau}\cdot x_{10} + (mp^2 + k_2p + c_2 - f_2e^{-p\tau})x_{20} = 0$$

Bei einer nichttrivialen Lösung muß die Hauptdeterminante verschwinden:

$$(mp^2 + k_1p + c_1 + f_1\cdot e^{-p\tau})\,(mp^2 + k_2p + c_2 - f_2\cdot e^{-p\tau}) + g_1g_2\cdot e^{-2p\tau} = 0 \qquad (3)$$

Die Gleichung ist durch den Ausdruck $e^{-p\tau}$ transzendent und nicht ohne weiteres lösbar. Da $p\cdot\tau \ll 1$ ist, gilt mit guter Näherung:

$$e^{-p\tau} = 1 - p\tau + \frac{p^2\tau^2}{2}$$

Setzen wir den Ansatz in Gleichung (3) ein, so erhalten wir:

$$\left(mp^2 + k_1 p + c_1 + f_1 - f_1 \tau p + f_1 \frac{\tau^2}{2} \cdot p^2\right)$$
$$\left(mp^2 + k_2 p + c_2 - f_2 + f_2 \tau p - f_2 \frac{\tau^2}{2} \cdot p^2\right)$$
$$+ g_1 g_2 - 2 \cdot g_1 g_2 \tau p + 2 \cdot g_1 g_2 \tau^2 p^2 = 0 \qquad (3')$$

Wir multiplizieren die Gleichung aus, ordnen die Glieder und bekommen so die charakteristische Gleichung:

$$p^4 \left[m^2 + m \frac{\tau^2}{2} (f_1 - f_2) - f_1 f_2 \frac{\tau^4}{4}\right]$$
$$+ p^3 \left[m (k_1 + k_2) + m \tau (f_2 - f_1) + \frac{\tau^2}{2} (k_2 f_1 - k_1 f_2) + f_1 f_2 \tau^3\right]$$
$$+ p^2 \left[m(c_1 + c_2) + k_1 k_2 + m(f_1 - f_2) + \tau(k_1 f_2 - k_2 f_1) + \frac{\tau^2}{2}(c_2 f_1 - c_1 f_2)\right]$$
$$+ p \left[k_1(c_2 - f_2) + k_2(c_1 + f_1) + \tau (c_1 f_2 - c_2 f_1)\right]$$
$$+ c_1(c_2 - f_2) + c_2 f_1 = 0 \qquad (4)$$

Die charakteristische Gleichung ist also vom vierten Grade und hat die Form:

$$Ap^4 + Bp^3 + Cp^2 + Dp + E = 0 \qquad (4')$$

Die Stabilitätsberechnung, d.h. die Bestimmung, wann die Wurzeln der Gleichung (4) nur negative Realteile haben, soll nach der Methode von SCHMIDT (28) durchgeführt werden. Dazu muß die Gleichung auf die Form

$$a_4 q^4 + q^3 + a_2 q^2 + a_1 q + 1 = 0 \qquad (5)$$

normiert werden. Durch Vergleich mit Gleichung (4') erhält man:

$$p = \left(\frac{E}{B}\right)^{\frac{1}{3}} \cdot q$$

und

$$a_4 = \frac{A}{E} \left(\frac{E}{B}\right)^{\frac{4}{3}} ; \quad a_2 = \frac{C}{E} \left(\frac{E}{B}\right)^{\frac{2}{3}} ; \quad a_1 = \frac{D}{E} \left(\frac{E}{B}\right)^{\frac{1}{3}} .$$

Die Variable q unterscheidet sich von p nur durch einen Faktor. Die Stabilitätsbetrachtungen können für q ebenso durchgeführt werden wie für p. Die Stabilitätskurven können nun mit den Koeffizienten a_1, a_2 und a_4 in einer Ebene dargestellt werden, wobei a_1 und a_2 an den Koordinatenachsen aufgetragen werden, a_4 als Parameter gewählt wird. Abbildung 43 zeigt die Stabilitätskurven nach SCHMIDT. Der zwischen den Kurven und den Koordinatenachsen liegende Teil ist der instabile Bereich, in dem sich die Schwingungen aufschaukeln. Dieser Bereich wird mit wachsendem a_4 größer.

Es kann nun berechnet werden, ob das untersuchte System bei den gegebenen Bedingungen stabil ist oder nicht. Dazu brauchen nur die Koeffizienten A, B, C, D, E bestimmt zu werden und daraus a_1, a_2 und a_4. Das Verfahren hat gegenüber der üblichen Stabilitätsberechnung nach HURWITZ und CREMER den Vorteil der größeren Übersichtlichkeit. Man kann untersuchen, in welcher Richtung sich die Änderung der einzelnen Konstanten der Gleichungen (1) und (2) auswirkt, stabilisierend oder labilisierend.

Es soll nun der Einfluß einzelner Konstanten auf die Stabilität untersucht werden. Die Beispiele sind in der beiliegenden Tabelle enthalten. Die Stabilitätskurven nach SCHMIDT wurden für diese Fälle noch einmal in einem geeigneten Maßstab aufgezeichnet (Abb. 44).

Beispiel Nr. 1 entspricht praktisch vorkommenden Bedingungen. Zunächst wurde angenommen, daß die Zeitverzögerung τ gleich Null sei. Geht man mit den Werten a_1, a_2 und a_4 in Abbildung 44, so stellt man fest, daß der Punkt, der zu diesem Beispiel gehört, im instabilen Bereich liegt. Die Stabilitätsgrenze soll nun dadurch erreicht werden, daß der Faktor r verkleinert wird. Er wird in den Beispielen 1 bis 4 von 2 auf $0{,}3 \cdot 10^6$ erniedrigt. Bei $r = 0{,}3 \cdot 10^6$ kg/m ist die Stabilitätsgrenze erreicht.- In Beispiel Nr. 5 wird r so gewählt, daß bei den vorherigen Bedingungen Instabilität herrscht. Es wird nun eine andere Hauptschwingungsrichtung angenommen. Der Winkel α soll statt 30° jetzt 60° betragen. Durch die

Tabelle 2

Nr.	m	k_1	k_2	c_1	c_2	τ	α	β	r	A	B	C	D	E	a_1	a_2	a_4	Bemerkung
	$\frac{kg \cdot s^2}{m}$	$\frac{kg \cdot s}{m}$	$\frac{kg \cdot s}{m}$	$\frac{kg}{m}$	$\frac{kg}{m}$	s	Gr.	Gr.	$\frac{kg}{m}$	$\frac{kg^2 s^4}{m^2}$	$\frac{kg^2 s^3}{m^2}$	$\frac{kg^2 s^2}{m^2}$	$\frac{kg^2 s}{m^2}$	$\frac{kg^2}{m^2}$	--	--	--	
				$\cdot 10^6$	$\cdot 10^6$	$\cdot 10^{-3}$			$\cdot 10^6$			$\cdot 10^6$	$\cdot 10^6$	$\cdot 10^{12}$				
1	5	50	50	1,7	2,5	0	30	30	2	25	500	26	260	7,15	0,0882	21,4	121	instabil
2	5	50	50	1,7	2,5	0	30	30	1	25	500	23,5	235	5,7	0,0927	20,9	112,4	"
3	5	50	50	1,7	2,5	0	30	30	0,5	25	500	22,25	222,5	4,97	0,0963	20,8	108	"
4	5	50	50	1,7	2,5	0	30	30	0,3	25	500	21,75	217,5	4,67	0,0975	20,38	104,6	stabil
5	5	50	50	1,7	2,5	0	60	30	0,5	25	500	22,25	222,5	4,87	0,0976	20,86	106,7	"
6	5	50	50	1,7	2,8	0	30	30	0,5	25	500	23,75	237,5	5,597	0,0948	21,19	111,7	"
7	5	50	50	2,0	2,2	0	30	30	0,3	25	500	21,75	217,5	4,75	0,0970	20,56	105,9	instabil
8	5	50	50	2,1	2,1	0	30	30	0,3	25	500	21,75	217,5	4,93	0,0944	20,24	107,1	instabil
9	5	500	500	1,7	2,5	0	30	30	0,5	25	5000	22,5	2225	4,97	0,4463	4,5	5	stabil
10	5	100	100	1,7	2,5	0	30	30	0,5	25	1000	22,26	445	4,97	0,1527	13	42,7	instabil
11	5	50	50	2,5	1,7	0	30	30	0,5	25	500	22,25	222,5	4,58	0,1016	21,25	104,5	stabil
12	5	50	50	1,7	2,5	0,2	30	30	0,3	25	350	21,76	130,5	4,67	0,0660	11,03	169	instabil

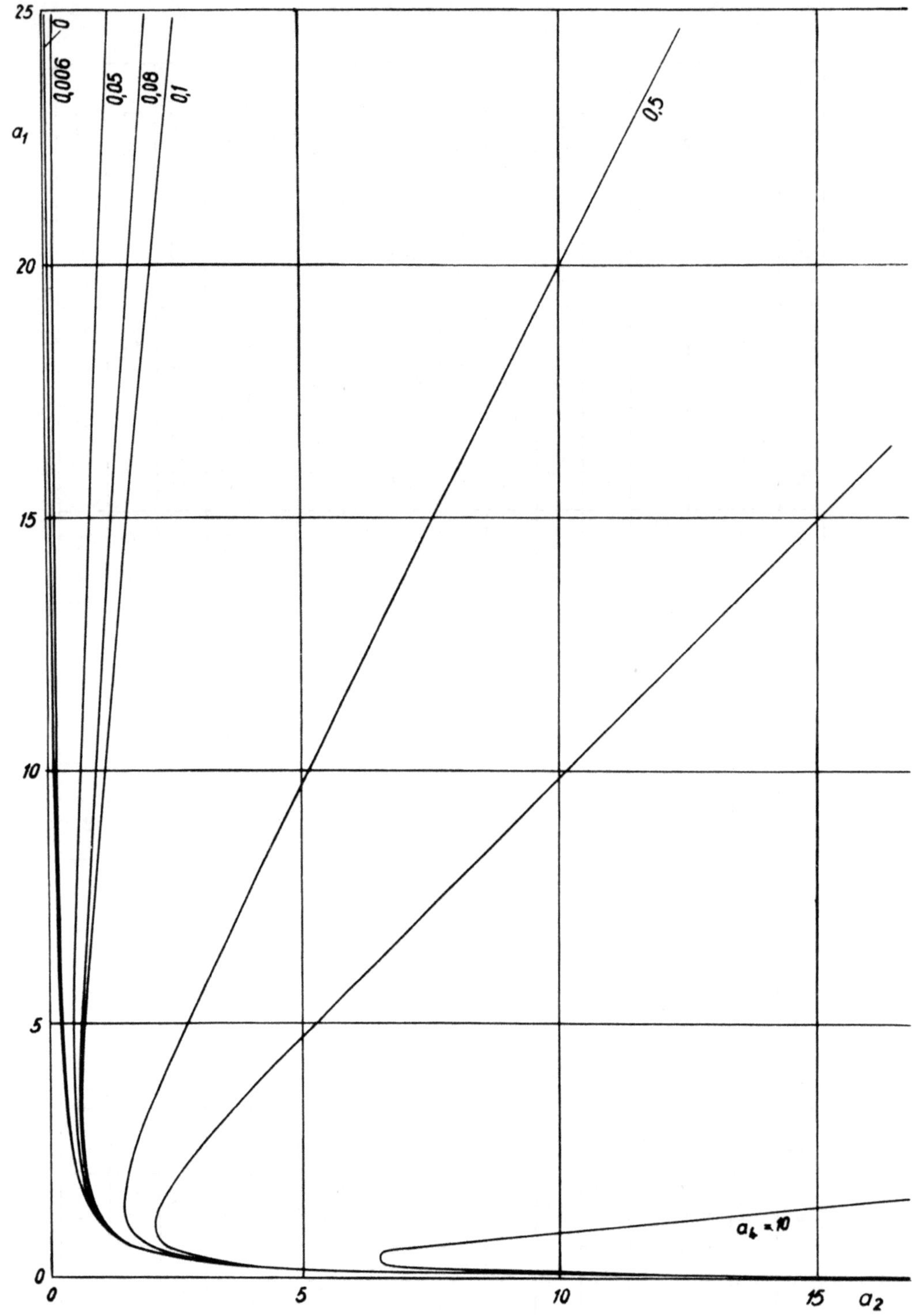

A b b i l d u n g 43
Stabilitätskurven nach SCHMIDT

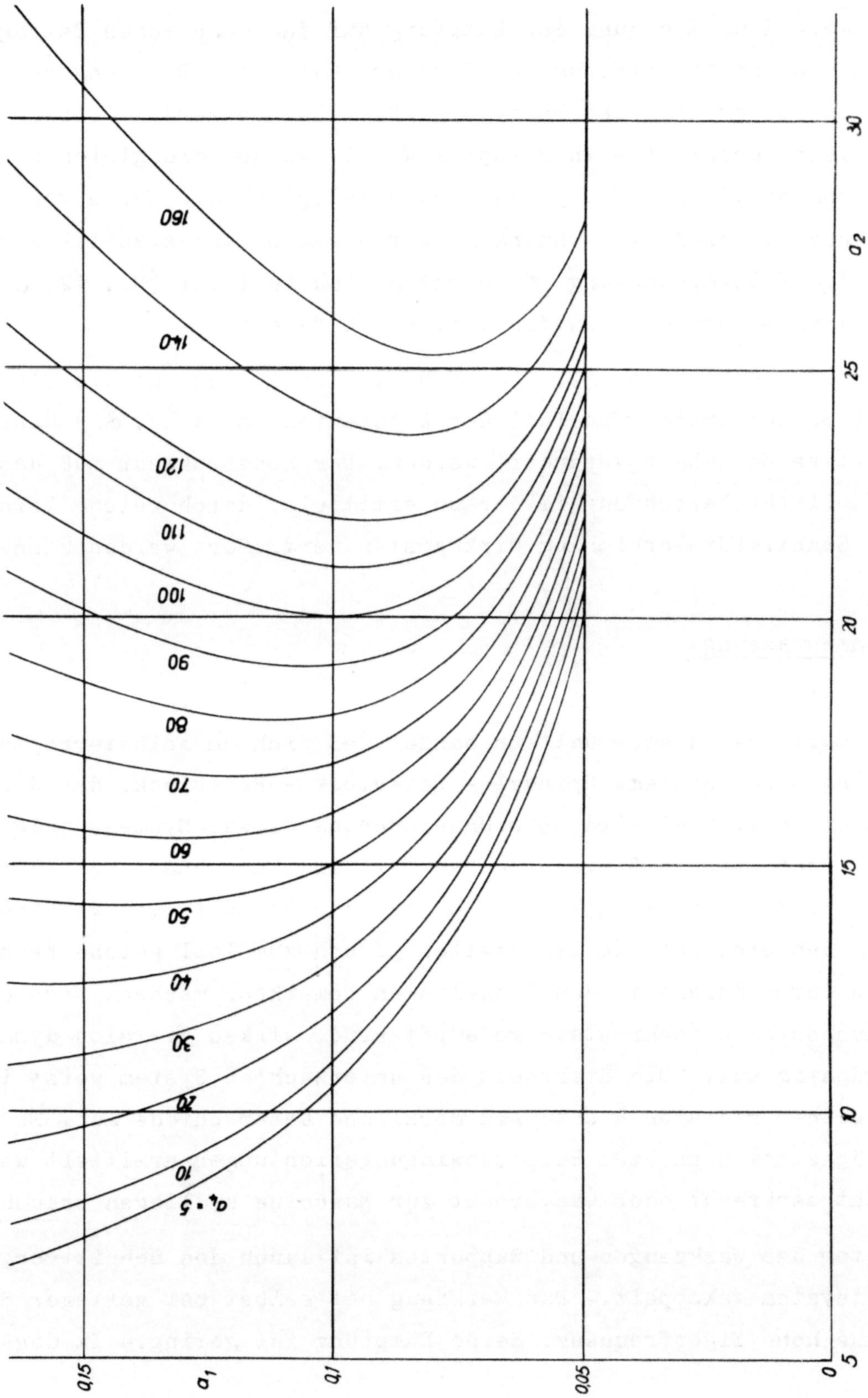

A b b i l d u n g 44

Stbilitätskurven nach SCHMIDT

Änderung der Schwingungsrichtung wurde die Stabilitätsgrenze verschoben. Diese Tatsache wurde bereits von TLUSTY festgestellt.- Die Beispiele 6 bis 8 zeigen, daß die Stabilität von der Differenz der Federkonstanten c_1 und c_2 abhängt. Je geringer die Differenz ist, um so instabiler wird das System.- Eine Erhöhung der Dämpfung auf den zehnfachen Betrag (Nr. 9) bewirkte eine Stabilisierung des Systems. Hatte die Dämpfung nur den doppelten Betrag der früheren Beispiele (Nr. 10), so wurde die Stabilitätsgrenze wieder erreicht.- In Beispiel Nr. 11 wurden die gleichen Konstanten angenommen wie bei Nr. 3; es wurden lediglich die Werte von c_1 und c_2 vertauscht. Durch diese Maßnahme wurde das System stabil.- Nimmt man an, daß die Zeitverzögerung τ nicht gleich Null ist (Nr. 12, $\tau = 0{,}2 \cdot 10^{-3}$ s), so kommt man sofort weit in den instabilen Bereich.

Die Beipsiele haben gezeigt, wie sich die Konstanten auf die Stabilität des Systems auswirken. Ein Teil der Konstanten (m, k, c, α) kann durch konstruktive Maßnahmen verändert werden. Der Konstrukteur muß dabei durch eine Stabilitätsberechnung im voraus ermitteln, durch welche Veränderungen der Stabilitätsbereich am wirksamsten vergrößert werden kann.

8. Zusammenfassung

Es wurde eine experimentelle Untersuchung des Ratterns an Drehbänken durchgeführt. Bei diesem Rattern handelt es sich um selbsterregte Biegeschwingungen des Systems Spindel - Werkstück - Reitstock, das darum das Leitsystem bezeichnet wird. Die Untersuchung dieses Systems zeigte, daß es sich nicht wie ein Biegebalken verhält und berechnen läßt. Für einzelne Teile trifft das bedingt zu, z.B. für die Spindel. Die Verbindungen zwischen den einzelnen Teilen stellen jedoch zum Teil weiche Federn dar, die sich durch Knicke in den Biegelinien bemerkbar machen. Wenn diese Verbindungsstellen sehr stark gedämpft sind, wirken sie sich dynamisch nicht günstig aus.- Die Starrheit des untersuchten System weist in den verschiedenen radialen Richtungen merkliche Unterschiede auf. Es können Hauptträgheitsachsen bzw. Hauptschwingungsrichtungen ermittelt werden, die nicht senkrecht oder waagerecht zur Maschine zu liegen brauchen.

Das System des Werkzeuges und Supportes ist durch den Schnittvorgang mit dem Leitsystem gekoppelt.- Das Werkzeug hat selbst bei geringer Starrheit noch eine hohe Eigenfrequenz. Seine Dämpfung ist gering.- Im Gegensatz dazu ist der Support durch seine vielen aufeinanderliegenden Teile so stark gedämpft, daß meist keine Eigenfrequenz ermittelt werden kann. Statisch ist er recht nachgiebig.

Die Untersuchung des Rattervorganges ergab, daß durch die Schwingbewegungen der einzelnen Teile, vor allem des Werkstückes, die Schnittbedingungen geändert werden. Das gilt hauptsächlich für die Spandicke, den Spanwinkel und die Schnittgeschwindigkeit. Durch die Änderung dieser Größen ändert sich die Schnittkraft, wobei die Spandicke den Haupteinfluß ausübt. Die Änderung der Schnittgeschwindigkeit ist für die Schnittkraft bedeutungslos.- Diese Untersuchungen wurden durch eine Messung der wechselnden Schnittkraft beim Rattern bestätigt. Dabei zeigte sich außerdem, daß zwischen der Spandickenänderung und der Änderung der Schnittkraft ein Zeitverzug besteht.

Das Rattern kommt hauptsächlich durch eine Änderung der Spandicke zustande. Darum ist der Quotient r, der das Verhältnis der Schnittkraftänderung zur Änderung der Spandicke angibt, eine wichtige Größe. Es wurde gezeigt, wie sich der Spandickenkoeffizient r mit den Schnittbedingungen ändert und daß die Ratterneigung sich qualitativ entsprechend verhält. Wenn man Rattern verhindern will, so muß man r verkleinern, sofern das System nicht verändert werden kann.- Die Schnittkraftrichtung hat ebenfalls einen großen Einfluß auf die Stabilitätsgrenze, wie durch einige Beispiele gezeigt wurde.

Das Rattern kann durch einen richtig konstruierten federnden Stahlhalter weitgehend verringert werden. Dadurch werden schwere Schruppschnitte an unstarren Maschinen möglich.

Durch mathematische Behandlung des Problems wurde eine Methode gezeigt, die nicht nur eine Stabilitätsberechnung ermöglicht, sondern auch einen Überblick über den Einfluß der einzelnen Konstanten gibt. Dadurch kann der Konstrukteur in Verbindung mit Modellversuchen im voraus bestimmen, welche konstruktiven Maßnahmen zu treffen sind, damit eine Maschine möglichst in ihrem gesamten Anwendungsbereich im stabilen Gebiet liegt, also nicht rattert.

Der Einfluß des Lagerspieles wurde in der vorliegenden Arbeit nicht näher untersucht. Durch Stichversuche wurde festgestellt, daß bei größerem Lagerspiel leichter Rattern auftritt. Dieser Einfluß müßte noch eingehend untersucht werden.

Prof. Dr.-Ing. Herwart OPITZ, Aachen
Dr.-Ing. Wolfgang HÖLKEN, Düsseldorf

Benennungen

m	= reduzierte Masse eines Schwingungssystemes	$kg.s^2.m^{-1}$
k	= Dämpfungsfaktor	$kg.s.m^{-1}$
c	= Federzahl	$kg.m^{-1}$
x	= Weg in x-Richtung (Richtung der Drehachse)	μ
y	= Weg in y-Richtung (horizontal, senkrecht zur Drehachse)	μ
z	= Weg in z-Richtung (vertikal, senkrecht zur Drehachse)	μ
w	= Weg in w-Richtung (horizontal, senkrecht zur Hauptschneide des Werkzeuges)	μ
f	= Frequenz	Hz
ω	= Kreisfrequenz	s^{-1}
φ	= Phasenwinkel	Grad
τ	= Verzögerungszeit	s
D	= Dämpfung	-
v	= Schnittgeschwindigkeit	$m.min^{-1}$
s	= Vorschub	mm/Umdreh.
a	= Schnittiefe	mm
b	= Spanbreite	mm
h_1	= theoretische Spandicke	mm
h_2	= tatsächliche Spandicke	mm
λ	= Spanstauchung = h_2/h_1	-
P	= Kraft bzw. Schnittkraft	kg
P_1	= Hauptschnittkraft } nach KIENZLE	kg
P_4	= Abdrängkraft } nach KIENZLE	kg
r	= Spandickenkoeffizient = $\frac{\text{Zunahme der Schnittkraft}}{\text{Zunahme der th. Spandicke}}$	$kg.m^{-1}$
r_1, r_4	= Spandickenkoeffizienten für Hauptschnittkraft bzw. Abdrängkraft	$kg.m^{-1}$
b_g	= Grenzspanbreite, bei der gerade Rattern beginnt	

Indices

x, y, z, w	Begriff gilt für Richtung x, y, z, w.
W	Amplitude bzw. Schwingweg gilt für Werkstück
M	Amplitude bzw. Schwingweg gilt für Werkzeug

Literaturverzeichnis

(1) ARNOLD, R.N. — Mechanism of Tool Vibrations in Cutting Steel. Proc. I. Mech. E., Vol. 154(1946)

(2) CHISHOLM, A.J. — Metall Cutting and Shop Productivity, The Causes of Chatter Vibrations. Machinery, Vol. 75(1949)

(3) CREMER, L — Die Verringerung der Zahl der Stabilitätskriterien bei Voraussetzung positiver Koeffizienten der charakteristischen Gleichung. Z.a.M.M. 33 (1953)

(4) DOI, S. — On the Chatter Vibrations of Lathe Tools. Memoirs of the Faculty of Engineering, Nagoya University. Vol. 5 No. 2. Sept. 1953

(5) DOI, S. und S. KATO — Chatter Vibration of Lathe Tools. Trans. A.S.M.E., July 1956

(6) EFFERTS, F.A. und K.H. BREUER — Über ein Klassifikationsprinzip für die Frequenzcharakteristiken elektrischer Netzwerke und Parameterdarstellung für die Stabilitätsgrenzflächen von Regelungssystemen. Vortrag a.d. GAMM-Tagung 1957 in Hamburg

(7) EISELE, F. und M. SADOWY — Rattern und dynamische Steifigkeit von Werkzeugmaschinen. 2. FoKoMa, Okt. 1955, (Maschinenmarkt)

(8) HAHN, R.S. — Metall Cutting Chatter and its Elimination. Trans. A.S.M.E., May 1953

(9) HÖLKEN, W. — Ein Beitrag zur Schwingungsuntersuchung von Drehbänken. Industrie-Anzeiger, Nr. 62, August 1955

(10) HÖLKEN, W. Untersuchung von Drehbänken auf statische und dynamische Steife. Industrie-Anzeiger Nr. 80, Okt. 1956

(11) HURWITZ Über die Bedingungen, unter welchen eine Gleichung nur Wurzeln mit negativen reellen Teilen besitzt. Math. Ann. 46 (1895)

(12) KLOTTER, K. Technische Schwingungslehre. Bd. 1, Springer-Verlag 1951

(13) LOPATA, A.J. Über die Auswahl der optimalen Lagerabstände von Spindeln an Drehautomaten (russ.). Stanki i Instrument Nr. 9, 1955

(14) LYSEN, H. Diskussionsbeitrag. Aufwand, Leistung und Wirtschaftlichkeit neuzeitlicher Werkzeugmaschinen. Verl. W. Giradet, 1953

(15) LYSEN, H. Statische und dynamische Stabilität der Werkstoff - Formung. 2. FoKoMa, München, Okt. 1955, Maschinenmarkt.

(16) PIEKENBRINK, R. Die Starrheit von Arbeitsspindeln und deren Lagerung. Industrie-Anzeiger, Nr. 80. Okt. 1956

(17) SALJE, E. Ursachen und Minderung von Werkzeugschwingungen. Aufwand, Leistung und Wirtschaftlichkeit neuzeitlicher Werkzeugmaschinen. Verl. W. Giradet, 1953

(18) SALJE, E Die Werkzeugmaschine unter dynamischer Belastung. Fortschrittliche Fertigung und moderne Werkzeugmaschine. Verlag W. Giradet, 1954

(19) SALJE, E. — Self - Excited Vibrations of Systems with two Degrees of Freedom. Trans. A.S.M.E., May 1956

(20) SADOWY, M. — Selbsterregte Schwingungen an Werkzeugmaschinen. 2. FoKoMa, München, Okt. 1955 (Maschinenmarkt).

(21) SOKOLOWSKI, A.P. — Präzision in der Metallbearbeitung. Kapitel VI: Manschos, G.A. Schwingungen beim Drehen und Maßnahmen zu ihrer Beseitigung. Kapitel VII. Amossov, J.S. Oszillographische Untersuchungen der bei der Zerspanung metallischer Werkstoffe auftretenden Schwingungen. Verlag Technik, Berlin 1955.

(22) STEFANIAK, H. — Beitrag zur Theorie der selbsterregten Schwingungen. Maschinenmarkt Nr. 50/51, Juni 1954.

(23) TLUSTY, J. — Selbsterregte Schwingungen bei der Bearbeitung der Metalle. Vortrag Okt. 1952 in Budapest. Acta technica Ac. Sc. Hungaricae, Tom VIII. Fasc. 3 - 4. Budapest 1953.

(24) TLUSTY, J. — Samobuzene Kmity v Obrabecich Strojich Praha, 1954.

(25) TLUSTY, J. — Die Berechnung des Rahmens der Werkzeugmaschine. Schwerindustrie der C.S.R., Heft 1, 1955.

(26) TLUSTY, J. und POLACEK, M. — Die Theorie der selbsterregten Schwingungen bei der Zerspanung und die Stabilitätsberechnung der Werkzeugmaschinen. (russ.), Stanki i Instrument. Nr. 4 (1956)

(27) TOBIAS, S.A. und FISHWICK, W. — Eine Theorie des regenerativen Ratterns an Werkzeugmaschinen. Maschinenmarkt, Nr. 17 (1956).

(28) SCHMIDT, K. — Stabilität und Aperiodizität bei Bewegungsvorgängen vierter Ordnung. Archiv für Elektrotechnik, 37. Bd., Heft 4 (1943).

FORSCHUNGSBERICHTE DES WIRTSCHAFTS- UND VERKEHRSMINISTERIUMS NORDRHEIN-WESTFALEN

Herausgegeben von Staatssekretär Prof. Dr. h. c. Leo Brandt

HEFT 1
Prof. Dr.-Ing. E. Flegler, Aachen
Untersuchungen oxydischer Ferromagnet-Werkstoffe
1952, 20 Seiten, DM 6,75

HEFT 2
Prof. Dr. W. Fuchs, Aachen
Untersuchungen über absatzfreie Teeröle
1952, 32 Seiten, 5 Abb., 6 Tabellen, DM 10,—

HEFT 3
Techn.-Wissenschaftl. Büro für die Bastfaserindustrie, Bielefeld
Untersuchungsarbeiten zur Verbesserung des Leinenwebstuhls
1952, 44 Seiten, 7 Abb., 3 Tabellen, DM 12,50

HEFT 4
Prof. Dr. E. A. Müller und Dipl.-Ing. H. Spitzer, Dortmund
Untersuchungen über die Hitzebelastung in Hüttenbetrieben
1952, 28 Seiten, 5 Abb., 1 Tabelle, DM 9,—

HEFT 5
Dipl.-Ing. W. Fister, Aachen
Prüfstand der Turbinenuntersuchungen
1952, 40 Seiten, 30 Abb., 3 Schaltbilder, DM 1,—

HEFT 6
Prof. Dr. W. Fuchs, Aachen
Untersuchungen über die Zusammensetzung und Verwendbarkeit von Schwelteerfraktionen
1952, 36 Seiten, DM 10,50

HEFT 7
Prof. Dr. W. Fuchs, Aachen
Untersuchungen über emsländisches Petrolatum
1952, 36 Seiten, 1 Abb., 17 Tabellen, DM 10,50

HEFT 8
M. E. Meffert und H. Stratmann, Essen
Algen-Großkulturen im Sommer 1951
1953, 52 Seiten, 4 Abb., 20 Tabellen, DM 9,75

HEFT 9
Techn.-Wissenschaftl. Büro für die Bastfaserindustrie, Bielefeld
Untersuchungen über die zweckmäßige Wicklungsart von Leinengarnkreuzspulen unter Berücksichtigung der Anwendung hoher Geschwindigkeiten des Garnes
Vorversuche für Zetteln und Schären von Leinengarnen auf Hochleistungsmaschinen
1952, 48 Seiten, 7 Abb., 7 Tabellen, DM 9,25

HEFT 10
Prof. Dr. W. Vogel, Köln
„Das Streifenpaar" als neues System zur mechanischen Vergrößerung kleiner Verschiebungen und seine technischen Anwendungsmöglichkeiten
1953, 20 Seiten, 6 Abb., DM 4,50

HEFT 11
Laboratorium für Werkzeugmaschinen und Betriebslehre, Technische Hochschule Aachen
1. Untersuchungen über Metallbearbeitung im Fräsvorgang mit Hartmetallwerkzeugen und negativem Spanwinkel
2. Weiterentwicklung des Schleifverfahrens für die Herstellung von Präzisionswerkstücken unter Vermeidung hoher Temperaturen
3. Untersuchung von Oberflächenveredlungsverfahren zur Steigerung der Belastbarkeit hochbeanspruchter Bauteile
1953, 80 Seiten, 61 Abb., DM 15,75

HEFT 12
Elektrowärme-Institut, Langenberg (Rhld.)
Induktive Erwärmung mit Netzfrequenz
1952, 22 Seiten, 6 Abb., DM 5,20

HEFT 13
Techn.-Wissenschaftl. Büro für die Bastfaserindustrie, Bielefeld
Das Naßspinnen von Bastfasergarnen mit chemischen Zusätzen zum Spinnbad
1953, 52 Seiten, 4 Abb., 19 Tabellen, DM 10,—

HEFT 14
Forschungsstelle für Acetylen, Dortmund
Untersuchungen über Aceton als Lösungsmittel für Acetylen
1952, 64 Seiten, 10 Abb., 26 Tabellen, DM 12,25

HEFT 15
Wäschereiforschung Krefeld
Trocknen von Wäschestoffen
1953, 48 Seiten, 14 Abb., 2 Tabellen, DM 9,—

HEFT 16
Max-Planck-Institut für Kohlenforschung, Mülheim a. d. Ruhr
Arbeiten des MPI für Kohlenforschung
1953, 104 Seiten, 9 Abb., DM 17,80

HEFT 17
Ingenieurbüro Herbert Stein, M.-Gladbach
Untersuchung der Verzugsvorgänge in den Streckwerken verschiedener Spinnereimaschinen. 1. Bericht: Vergleichende Prüfung mit verschiedenen Dickenmeßgeräten
1952, 36 Seiten, 15 Abb., DM 8,—

HEFT 18
Wäschereiforschung Krefeld
Grundlagen zur Erfassung der chemischen Schädigung beim Waschen
1953, 68 Seiten, 15 Abb., 15 Tabellen, DM 12,75

HEFT 19
Techn.-Wissenschaftl. Büro für die Bastfaserindustrie, Bielefeld
Die Auswirkung des Schlichtens von Leinengarnketten auf den Verarbeitungswirkungsgrad, sowie die Festigkeit und Dehnungsverhältnisse der Garne und Gewebe
1953, 48 Seiten, 1 Abb., 9 Tabellen, DM 9,—

HEFT 20
Techn.-Wissenschaftl. Büro für die Bastfaserindustrie, Bielefeld
Trocknung von Leinengarnen I
Vorgang und Einwirkung auf die Garnqualität
1953, 62 Seiten, 18 Abb., 5 Tabellen, DM 12,—

HEFT 21
Techn.-Wissenschaftl. Büro für die Bastfaserindustrie, Bielefeld
Trocknung von Leinengarnen II
Spulenanordnung und Luftführung beim Trocknen von Kreuzspulen
1953, 66 Seiten, 22 Abb., 9 Tabellen, DM 13,—

HEFT 22
Techn.-Wissenschaftl. Büro für die Bastfaserindustrie, Bielefeld
Die Reparaturanfälligkeit von Webstühlen
1953, 28 Seiten, 7 Abb., 5 Tabellen, DM 5,80

HEFT 23
Institut für Starkstromtechnik, Aachen
Rechnerische und experimentelle Untersuchungen zur Kenntnis der Metadyne als Umformer von konstanter Spannung auf konstanten Strom
1953, 52 Seiten, 20 Abb., 4 Tafeln, DM 9,75

HEFT 24
Institut für Starkstromtechnik, Aachen
Vergleich verschiedener Generator-Metadyne-Schaltungen in bezug auf statisches Verhalten
1952, 44 Seiten, 23 Abb., DM 8,50

HEFT 25
Gesellschaft für Kohlentechnik mbH., Dortmund-Eving
Struktur der Steinkohlen und Steinkohlen-Kokse
1953, 58 Seiten, DM 11,—

HEFT 26
Techn.-Wissenschaftl. Büro für die Bastfaserindustrie, Bielefeld
Vergleichende Untersuchungen zweier neuzeitlicher Ungleichmäßigkeitsprüfer für Bänder und Garne hinsichtlich ihrer Eignung für die Bastfaserspinnerei
1953, 64 Seiten, 30 Abb., DM 12,50

HEFT 27
Prof. Dr. E. Schratz, Münster
Untersuchungen zur Rentabilität des Arzneipflanzenanbaues Römische Kamille, Anthemis nobilis L.
1953, 16 Seiten, 1 Tabelle, DM 3,60

HEFT 28
Prof. Dr. E. Schratz, Münster
Calendula officinalis L. Studien zur Ernährung, Blütenfüllung und Rentabilität der Drogengewinnung
1953, 24 Seiten, 2 Abb., 3 Tabellen, DM 5,20

HEFT 29
Techn.-Wissenschaftl. Büro für die Bastfaserindustrie, Bielefeld
Die Ausnützung der Leinengarne in Geweben
1953, 100 Seiten, 14 Abb., 10 Tabellen, DM 17,80

HEFT 30
Gesellschaft für Kohlentechnik mbH., Dortmund-Eving
Kombinierte Entaschung und Verschwelung von Steinkohle; Aufarbeitung von Steinkohlenschlämmen zu verkokbarer oder verschwelbarer Kohle
1953, 56 Seiten, 16 Abb., 10 Tabellen, DM 10,50

HEFT 31
Dipl.-Ing. A. Stormanns, Essen
Messung des Leistungsbedarfs von Doppelsteg-Kettenförderern
1954, 54 Seiten, 18 Abb., 3 Anlagen, DM 11,—

HEFT 32
Techn.-Wissenschaftl. Büro für die Bastfaserindustrie, Bielefeld
Der Einfluß der Natriumchloridbleiche auf Qualität und Verwebbarkeit von Leinengarnen und die Eigenschaften der Leinengewebe unter besonderer Berücksichtigung des Einsatzes von Schützen- und Spulenwechselautomaten in der Leinenweberei
1953, 64 Seiten, 2 Abb., 12 Tabellen, DM 11,50

HEFT 33
Kohlenstoffbiologische Forschungsstation e. V.
Eine Methode zur Bestimmung von Schwefeldioxyd und Schwefelwasserstoff in Rauchgasen und in der Atmosphäre
1953, 32 Seiten, 8 Abb., 3 Tabellen, DM 6,50

HEFT 34
Textilforschungsanstalt Krefeld
Quellungs- und Entquellungsvorgänge bei Faserstoffen
1953, 52 Seiten, 13 Abb., 13 Tabellen, DM 9,80

WESTDEUTSCHER VERLAG · KÖLN UND OPLADEN

HEFT 35

Professor Dr. W. Kast, Krefeld
Feinstrukturuntersuchungen an künstlichen Zellulosefasern verschiedener Herstellungsverfahren. Teil I: Der Orientierungszustand
1953, 74 Seiten, 30 Abb., 7 Tabellen, DM 13,80

HEFT 36

Forschungsinstitut der feuerfesten Industrie, Bonn
Untersuchungen über die Trocknung von Rohton
Untersuchungen über die chemische Reinigung von Silika- und Schamotte-Rohstoffen mit chlorhaltigen Gasen
1953, 60 Seiten, 5 Abb., 5 Tabellen, DM 11,—

HEFT 37

Forschungsinstitut der feuerfesten Industrie, Bonn
Untersuchungen über den Einfluß der Probenvorbereitung auf die Kaltdruckfestigkeit feuerfester Steine
1953, 40 Seiten, 2 Abb., 5 Tabellen, DM 7,80

HEFT 38

Forschungsstelle für Acetylen, Dortmund
Untersuchungen über die Trocknung von Acetylen zur Herstellung von Dissousgas
1953, 36 Seiten, 11 Abb., 3 Tabellen, DM 6,80

HEFT 39

Forschungsgesellschaft Blechverarbeitung e. V., Düsseldorf
Untersuchungen an prägegemusterten und vorgelochten Blechen
1953, 46 Seiten, 34 Abb., DM 9,50

HEFT 40

Landesgeologe Dr.-Ing. W. Wolff, Amt für Bodenforschung, Krefeld
Untersuchungen über die Anwendbarkeit geophysikalischer Verfahren zur Untersuchung von Spateisengängen im Siegerland
1953, 46 Seiten, 8 Abb., DM 8,80

HEFT 41

Techn.-Wissenschaftl. Büro für die Bastfaserindustrie, Bielefeld
Untersuchungsarbeiten zur Verbesserung des Leinenwebstuhles II
1953, 40 Seiten, 4 Abb., 5 Tabellen, DM 7,80

HEFT 42

Professor Dr. B. Helferich, Bonn
Untersuchungen über Wirkstoffe — Fermente — in der Kartoffel und die Möglichkeit ihrer Verwendung
1953, 58 Seiten, 9 Abb., DM 11,—

HEFT 43

Forschungsgesellschaft Blechverarbeitung e. V., Düsseldorf
Forschungsergebnisse über das Beizen von Blechen
1953, 48 Seiten, 38 Abb., 2 Tabellen, DM 11,30

HEFT 44

Arbeitsgemeinschaft für praktische Dehnungsmessung, Düsseldorf
Eigenschaften und Anwendungen von Dehnungsmeßstreifen
1953, 68 Seiten, 43 Abb., 2 Tabellen, DM 13,70

HEFT 45

Losenhausenwerk Düsseldorfer Maschinenbau AG., Düsseldorf
Untersuchungen von störenden Einflüssen auf die Lastgrenzenanzeige von Dauerschwingprüfmaschinen
1953, 36 Seiten, 11 Abb., 3 Tabellen, DM 7,25

HEFT 46

Prof. Dr. W. Fuchs, Aachen
Untersuchungen über die Aufbereitung von Wasser für die Dampferzeugung in Benson-Kesseln
1953, 58 Seiten, 18 Abb., 9 Tabellen, DM 11,20

HEFT 47

Prof. Dr.-Ing. K. Krekeler, Aachen
Versuche über die Anwendung der induktiven Erwärmung zum Sintern von hochschmelzenden Metallen sowie zur Anlegierung und Vergütung von aufgespritzten Metallschichten mit dem Grundwerkstoff
1954, 66 Seiten, 39 Abb., DM 13,90

HEFT 48

Max-Planck-Institut für Eisenforschung, Düsseldorf
Spektrochemische Analyse der Gefügebestandteile in Stählen nach ihrer Isolierung
1953, 38 Seiten, 8 Abb., 5 Tabellen, DM 7,80

HEFT 49

Max-Planck-Institut für Eisenforschung, Düsseldorf
Untersuchungen über Ablauf der Desoxydation und die Bildung von Einschlüssen in Stählen
1953, 52 Seiten, 19 Abb., 3 Tabellen, DM 12,40

HEFT 50

Max-Planck-Institut für Eisenforschung, Düsseldorf
Flammenspektralanalytische Untersuchung der Ferritzusammensetzung in Stählen
1953, 44 Seiten, 15 Abb., 4 Tabellen, DM 8,60

HEFT 51

Verein zur Förderung von Forschungs- und Entwicklungsarbeiten in der Werkzeugindustrie e. V., Remscheid
Untersuchungen an Kreissägeblättern für Holz, Fehler- und Spannungsprüfverfahren
1953, 50 Seiten, 23 Abb., DM 10,—

HEFT 52

Forschungsstelle für Acetylen, Dortmund
Untersuchungen über den Umsatz bei der explosiblen Zersetzung von Azetylen
a) Zersetzung von gasförmigem Azetylen
b) Zersetzung von an Silikagel absorbiertem Azetylen
1954, 48 Seiten, 8 Abb., 10 Tabellen, DM 9,25

HEFT 53

Professor Dr.-Ing. H. Opitz, Aachen
Reibwert und Verschleißmessungen an Kunststoffgleitführungen für Werkzeugmaschinen
1954, 38 Seiten, 18 Abb., DM 8,20

HEFT 54

Professor Dr.-Ing. F. A. F. Schmidt, Aachen
Schaffung von Grundlagen für die Erhöhung der spez. Leistung und Herabsetzung des spez. Brennstoffverbrauches bei Ottomotoren mit Teilbericht über Arbeiten an einem neuen Einspritzverfahren
1954, 34 Seiten, 15 Abb., DM 7,40

HEFT 55

Forschungsgesellschaft Blechverarbeitung e. V., Düsseldorf
Chemisches Glänzen von Messing und Neusilber
1954, 50 Seiten, 21 Abb., 1 Tabelle, DM 10,20

HEFT 56

Forschungsgesellschaft Blechverarbeitung e. V., Düsseldorf
Untersuchungen über einige Probleme der Behandlung von Blechoberflächen
1954, 52 Seiten, 42 Abb., DM 11,20

HEFT 57

Prof. Dr.-Ing. F. A. F. Schmidt, Aachen
Untersuchungen zur Erforschung des Einflusses des chemischen Aufbaues des Kraftstoffes auf sein Verhalten im Motor und in Brennkammern von Gasturbinen
1954, 70 Seiten, 32 Abb., DM 14,60

HEFT 58

Gesellschaft für Kohlentechnik mbH., Dortmund
Herstellung und Untersuchung von Steinkohlenschwelteer
1954, 74 Seiten, 9 Abb., 9 Tabellen, DM 13,75

HEFT 59

Forschungsinstitut der Feuerfest-Industrie e. V., Bonn
Ein Schnellanalysenverfahren zur Bestimmung von Aluminiumoxyd, Eisenoxyd und Titanoxyd in feuerfestem Material mittels organischer Farbreagenzien auf photometrischem Wege
Untersuchungen des Alkali-Gehaltes feuerfester Stoffe mit dem Flammenphotometer nach Riehm-Lange
1954, 62 Seiten, 12 Abb., 3 Tabellen, DM 11,60

HEFT 60

Forschungsgesellschaft Blechverarbeitung e. V., Düsseldorf
Untersuchungen über das Spritzlackieren im elektrostatischen Hochspannungsfeld
1954, 82 Seiten, 53 Abb., 7 Tabellen, DM 17,—

HEFT 61

Verein zur Förderung von Forschungs- und Entwicklungsarbeiten in der Werkzeugindustrie e. V., Remscheid
Schwingungs- und Arbeitsverhalten von Kreissägeblättern für Holz
1954, 54 Seiten, 31 Abb., DM 11,40

HEFT 62

Professor Dr. W. Franz, Institut für theoretische Physik der Universität Münster
Berechnung des elektrischen Durchschlags durch feste und flüssige Isolatoren
1954, 36 Seiten, DM 7,—

HEFT 63

Textilforschungsanstalt Krefeld
Neue Methoden zur Untersuchung der Wirkungsweise von Textilhilfsmitteln
Untersuchungen über Schlichtungs- und Entschlichtungsvorgänge
1954, 34 Seiten, 1 Abb., 5 Tabellen, DM 6,80

HEFT 64

Textilforschungsanstalt Krefeld
Die Kettenlängenverteilung von hochpolymeren Faserstoffen
Über die fraktionierte Fällung von Polyamiden
1954, 44 Seiten, 13 Abb., DM 8,60

HEFT 65

Fachverband Schneidwarenindustrie, Solingen
Untersuchungen über das elektrolytische Polieren von Tafelmesserklingen aus rostfreiem Stahl
1954, 90 Seiten, 38 Abb., 9 Tabellen, DM 17,35

HEFT 66

Dr.-Ing. P. Füsgen VDI †, Düsseldorf
Untersuchungen über das Auftreten des Ratterns bei selbsthemmenden Schneckengetrieben und seine Verhütung
1954, 32 Seiten, 5 Abb., DM 6,60

HEFT 67

Heinrich Wösthoff o. H. G., Apparatebau, Bochum
Entwicklung einer chemisch-physikalischen Apparatur zur Bestimmung kleinster Kohlenoxyd-Konzentrationen
1954, 94 Seiten, 48 Abb., 2 Tabellen, DM 18,25

HEFT 68

Kohlenstoffbiologische Forschungsstation e. V., Essen
Algengroßkulturen im Sommer 1952
II. Über die unsterile Großkultur von Scenedesmus obliquus
1954, 62 Seiten, 3 Abb., 29 Tabellen, DM 11,40

HEFT 69

Wäschereiforschung Krefeld
Bestimmung des Faserabbaues bei Leinen unter besonderer Berücksichtigung der Leinengarnbleiche
1954, 48 Seiten, 15 Abb., 3 Tabellen, DM 9,60

HEFT 70

Wäschereiforschung Krefeld
Trocknen von Wäschestoffen
1954, 52 Seiten, 18 Abb., 3 Tabellen, DM 10,—

HEFT 71

Prof. Dr.-Ing. K. Leist, Aachen
Kleingasturbinen, insbesondere zum Fahrzeugantrieb
1954, 114 Seiten, 85 Abb., DM 22,—

HEFT 72

Prof. Dr.-Ing. K. Leist, Aachen
Beitrag zur Untersuchung von stehenden geraden Turbinengittern mit Hilfe von Druckverteilungsmessungen
1954, 152 Seiten, 111 Abb., DM 36,20

HEFT 73

Prof. Dr.-Ing. K. Leist, Aachen
Spannungsoptische Untersuchungen von Turbinenschaufelfüßen
1954, 66 Seiten, 46 Abb., 2 Tabellen, DM 14,60

HEFT 74

Max-Planck-Institut für Eisenforschung, Düsseldorf
Versuche zur Klärung des Umwandlungsverhaltens eines sonderkarbidbildenden Chromstahls
1954, 58 Seiten, 10 Abb., DM 14,—

HEFT 75

Max-Planck-Institut für Eisenforschung, Düsseldorf
Zeit-Temperatur-Umwandlungs-Schaubilder als Grundlage der Wärmebehandlung der Stähle
1954, 44 Seiten, 13 Abb., DM 8,70

HEFT 76

Max-Planck-Institut für Arbeitsphysiologie, Dortmund
Arbeitstechnische und arbeitsphysiologische Rationalisierung von Mauersteinen
1954, 52 Seiten, 12 Abb., 3 Tabellen, DM 10,20

HEFT 77

Meteor Apparatebau Paul Schmeck GmbH., Siegen
Entwicklung von Leuchtstoffröhren hoher Leistung
1954, 46 Seiten, 12 Abb., 2 Tabellen, DM 9,15

HEFT 78

Forschungsstelle für Acetylen, Dortmund
Über die Zustandsgleichung des gasförmigen Acetylens und das Gleichgewicht Acetylen — Aceton
1954, 42 Seiten, 3 Abb., 8 Tabellen, DM 8,—

HEFT 79

Techn.-Wissenschaftl. Büro für die Bastfaserindustrie, Bielefeld
Trocknung von Leinengarnen III
Spinnspulen- und Spinnkopstrocknung
Vorgang und Einwirkung auf die Garnqualität
1954, 74 Seiten, 18 Abb., 10 Tabellen, DM 14,—

WESTDEUTSCHER VERLAG · KÖLN UND OPLADEN

HEFT 80
Techn.-Wissenschaftl. Büro für die Bastfaserindustrie, Bielefeld
Die Verarbeitung von Leinengarn auf Webstühlen mit und ohne Oberbau
1954, 30 Seiten, 2 Abb., 2 Tabellen, DM 6,—

HEFT 81
Prüf- und Forschungsinstitut für Ziegeleierzeugnisse, Essen-Kray
Die Einführung des großformatigen Einheits-Gitterziegels im Lande Nordrhein-Westfalen
1954, 54 Seiten, 2 Abb., 2 Tabellen, DM 10,—

HEFT 82
Vereinigte Aluminium-Werke AG., Bonn
Forschungsarbeiten auf dem Gebiet der Veredelung von Aluminium-Oberflächen
1954, 46 Seiten, 34 Abb., DM 9,60

HEFT 83
Prof. Dr. S. Strugger, Münster
Über die Struktur der Proplastiden
1954, 30 Seiten, 15 Abb., DM 8,40

HEFT 84
Dr. H. Baron, Düsseldorf
Über Standardisierung von Wundtextilien
1954, 32 Seiten, DM 6,40

HEFT 85
Textilforschungsanstalt Krefeld
Physikalische Untersuchungen an Fasern, Fäden, Garnen und Geweben:
Untersuchungen am Knickscheuergerät nach Weltzien
1954, 40 Seiten, 11 Abb., 8 Tabellen, DM 10,—

HEFT 86
Prof. Dr.-Ing. H. Opitz, Aachen
Untersuchungen über das Fräsen von Baustahl sowie über den Einfluß des Gefüges auf die Zerspanbarkeit
1954, 108 Seiten, 73 Abb., 7 Tabellen, DM 22,—

HEFT 87
Gemeinschaftsausschuß Verzinken, Düsseldorf
Untersuchungen über Güte von Verzinkungen
1954, 68 Seiten, 56 Abb., 3 Tabellen, DM 15,30

HEFT 88
Gesellschaft für Kohlentechnik mbH., Dortmund-Eving
Oxydation von Steinkohle mit Salpetersäure
1954, 62 Seiten, 2 Abb., 1 Tabelle, DM 11,50

HEFT 89
Verein Deutscher Ingenieure, Gleitlagerforschung, Düsseldorf und Prof. Dr.-Ing. G. Vogelpohl, Göttingen
Versuche mit Preßstoff-Lagern für Walzwerke
1954, 70 Seiten, 34 Abb., DM 14,10

HEFT 90
Forschungs-Institut der Feuerfest-Industrie, Bonn
Das Verhalten von Silikasteinen im Siemens-Martin-Ofengewölbe
1954, 62 Seiten, 15 Abb., 11 Tabellen, DM 11,90

HEFT 91
Forschungs-Institut der Feuerfest-Industrie, Bonn
Untersuchungen des Zusammenhangs zwischen Leistung und Kohlenverbrauch von Kammeröfen zum Brennen von feuerfesten Materialien
1954, 42 Seiten, 6 Abb., DM 8,30

HEFT 92
Techn.-Wissenschaftl. Büro für die Bastfaserindustrie, Bielefeld und Laboratorium für textile Meßtechnik, M.-Gladbach
Messungen von Vorgängen am Webstuhl
1954, 76 Seiten, 45 Abb., DM 15,50

HEFT 93
Prof. Dr. W. Kast, Krefeld
Spinnversuche zur Strukturerfassung künstlicher Zellulosefasern
1954, 82 Seiten, 39 Abb., 6 Tabellen, DM 16,—

HEFT 94
Prof. Dr. G. Winter, Bonn
Die Heilpflanzen des MATTHIOLUS (1611) gegen Infektionen der Harnwege und Verunreinigung der Wunden bzw. zur Förderung der Wundheilung im Lichte der Antibiotikaforschung
1954, 58 Seiten, 1 Abb., 2 Tabellen, DM 11,50

HEFT 95
Prof. Dr. G. Winter, Bonn
Untersuchungen über die flüchtigen Antibiotika aus der Kapuziner- (Tropaeolum maius) und Gartenkresse (Lepidium sativum) und ihr Verhalten im menschlichen Körper bei Aufnahme von Kapuziner- bzw. Gartenkressensalat per os
1955, 74 Seiten, 9 Abb., 25 Tabellen, DM 14,—

HEFT 96
Dr.-Ing. P. Koch, Dortmund
Austritt von Exoelektronen aus Metalloberflächen unter Berücksichtigung der Verwendung des Effektes für die Materialprüfung
1954, 34 Seiten, 13 Abb., DM 7,—

HEFT 97
Ing. H. Stein, Laboratorium für textile Meßtechnik, M.-Gladbach
Untersuchung der Verzugsvorgänge an den Streckwerken verschiedener Spinnereimaschinen
2. Bericht: Ermittlung der Haft-Gleiteigenschaften von Faserbändern und Vorgarnen
1955, 98 Seiten, 54 Abb., DM 21,—

HEFT 98
Fachverband Gesenkschmieden, Hagen
Die Arbeitsgenauigkeit beim Gesenkschmieden unter Hämmern
1955, 132 Seiten, 55 Abb., 9 Tabellen, DM 24,75

HEFT 99
Prof. Dr.-Ing. G. Garbotz, Aachen
Der Kraft- und Arbeitsaufwand sowie die Leistungen beim Biegen von Bewehrungsstählen in Abhängigkeit von den Abmessungen, den Formen und der Güte der Stähle (Ermittlung von Leistungsrichtlinien)
1955, 136 Seiten, 53 Abb., 3 Anlagen, 18 Tabellen, DM 30,—

HEFT 100
Prof. Dr.-Ing. H. Opitz, Aachen
Untersuchungen von elektrischen Antrieben, Steuerungen und Regelungen an Werkzeugmaschinen
1955, 166 Seiten, 71 Abb., 3 Tabellen, DM 31,30

HEFT 101
Prof. Dr.-Ing. H. Opitz, Aachen
Wirtschaftlichkeitsbetrachtungen beim Außenrundschleifen
1955, 100 Seiten, 56 Abb., 3 Tabellen, DM 19,30

HEFT 102
Dr. P. Hölemann, Ing. R. Hasselmann und Ing. G. Dix, Dortmund
Untersuchungen über die thermische Zündung von explosiblen Acetylenzersetzungen in Kapillaren
1954, 44 Seiten, 5 Abb., 4 Tabellen, DM 8,60

HEFT 103
Prof. Dr. W. Weizel, Bonn
Durchführung von experimentellen Untersuchungen über den zeitlichen Ablauf von Funken in komprimierten Edelgasen sowie zu deren mathematischen Berechnung
1955, 46 Seiten, 12 Abb., DM 9,10

HEFT 104
Prof. Dr. W. Weizel, Bonn
Über den Einfluß der Elektroden auf die Eigenschaften von Cadmium-Sulfid-Widerstands-Photozellen
1955, 48 Seiten, 12 Abb., DM 9,45

HEFT 105
Dr.-Ing. R. Meldau, Harsewinkel/Westf.
Auswertung von Gekörn — Analysen des Musterstaubes „Flugasche Fortuna I"
1955, 42 Seiten, 14 Abb., DM 8,50

HEFT 106
ORR. Dr.-Ing. W. Küch, Dortmund
Untersuchungen über die Einwirkung von feuchtigkeitsgesättigter Luft auf die Festigkeit von Leimverbindungen
1954, 60 Seiten, 10 Abb., 6 Tabellen, DM 11,40

HEFT 107
Prof. Dr. H. Lange und Dipl.-Phys. P. St. Pütter, Köln
Über die Konstruktion von Laboratoriumsmagneten
1955, 66 Seiten, 19 Abb., 1 Tabelle, DM 12,30

HEFT 108
Prof. Dr. W. Fuchs, Aachen
Untersuchungen über neue Beizmethoden und Beizabwässer
I. Die Entzunderung von Drähten mit Natriumhydrid
II. Die Aufbereitung von Beizabwässern
1955, 82 S., 15 Abb., 14 Tabellen, 1 Falttafel, DM 15,25

HEFT 109
Dr. P. Hölemann und Ing. R. Hasselmann, Dortmund
Untersuchungen über die Löslichkeit von Azetylen in verschiedenen organischen Lösungsmitteln
1954, 42 Seiten, 10 Abb., 8 Tabellen, DM 8,30

HEFT 110
Dr. P. Hölemann und Ing. R. Hasselmann, Dortmund
Untersuchungen über den Druckverlauf bei der explosiblen Zersetzung von gasförmigem Azetylen
1955, 54 Seiten, 10 Abb., 5 Tabellen, DM 11,—

HEFT 111
Fachverband Steinzeugindustrie, Köln
Die Entwicklung eines Gerätes zur Beschickung seitlicher Feuer von Steinzeug-Einzelkammeröfen mit festen Brennstoffen
1955, 46 Seiten, 16 Abb., DM 9,40

HEFT 112
Prof. Dr.-Ing. H. Opitz, Aachen
Verschleißmessungen beim Drehen mit aktivierten Hartmetallwerkzeugen
1954, 44 Seiten, 17 Abb., 6 Tabellen, DM 8,80

HEFT 113
Prof. Dr. O. Graf, Dortmund
Erforschung der geistigen Ermüdung und nervösen Belastung: Studien über die vegetative 24-Stunden-Rhythmik in Ruhe und unter Belastung
1955, 40 Seiten, 12 Abb., DM 8,20

HEFT 114
Prof. Dr. O. Graf, Dortmund
Studien über Fließarbeitsprobleme an einer praxisnahen Experimentieranlage
1954, 34 Seiten, 6 Abb., DM 7,—

HEFT 115
Prof. Dr. O. Graf, Dortmund
Studium über Arbeitspausen in Betrieben bei freier und zeitgebundener Arbeit (Fließarbeit) und ihre Auswirkung auf die Leistungsfähigkeit
1955, 50 Seiten, 13 Abb., 2 Tabellen, DM 9,80

HEFT 116
Prof. Dr.-Ing. E. Siebel und Dr.-Ing. H. Weiss, Stuttgart
Untersuchungen an einigen Problemen des Tiefziehens — I. Teil
1955, 74 Seiten, 50 Abb., 5 Tabellen, DM 14,50

HEFT 117
Dr.-Ing. H. Beißwänger, Stuttgart, und Dr.-Ing. S. Schwandt, Trier
Untersuchungen an einigen Problemen des Tiefziehens — II. Teil
1955, 92 Seiten, 34 Abb., 8 Tabellen, DM 17,70

HEFT 118
Prof. Dr. E. A. Müller und Dr. H. G. Wenzel, Dortmund
Neuartige Klima-Anlage zur Erzeugung ungleicher Luft- und Strahlungstemperaturen in einem Versuchsraum
1955, 68 Seiten, 10 z. T. mehrfarb. Abb., DM 14,—

HEFT 119
Dr.-Ing. O. Viertel, Krefeld
Wäscherei- und energietechnische Untersuchung einer Gemeinschafts-Waschanlage
1955, 50 Seiten, 18 Abb., DM 10,20

HEFT 120
Dipl.-Ing. A. Weisbecker, Lüdenscheid
Über Anfressung an Reinstaluminium-Schweißnähten bei der elektrolytischen Oxydation
Gebr. Hörstermann GmbH., Velbert
Entwicklung und Erprobung eines neuartigen Gummibandförderers
1955, 46 Seiten, 18 Abb., DM 9,70

HEFT 121
Dr. H. Krebs, Bonn
I. Die Struktur und die Eigenschaften der Halbmetalle
II. Die Bestimmung der Atomverteilung in amorphen Substanzen
III. Die chemische Bindung in anorganischen Festkörpern und das Entstehen metallischer Eigenschaften
1955, 124 Seiten, 36 Abb., 13 Tabellen, DM 22,90

HEFT 122
Prof. Dr. W. Fuchs, Aachen
Untersuchungen zur Verbesserung der Wasseraufbereitung und Wasseranalyse:
Über die Schnellbewertung von Ionenaustauscher
1955, 62 Seiten, 32 Abb., DM 12,30

HEFT 123
Dipl.-Ing. J. Emondts, Aachen
Über Bodenverformungen bei stark gestörtem und mächtigem, wasserführendem Deckgebirge im Aachener Steinkohlengebiet
1955, 196 Seiten, 37 Abb., 10 Tabellen, DM 28,80

HEFT 124
Prof. Dr. R. Seyffert, Köln
Wege und Kosten der Distribution der Hausratwaren im Lande Nordrhein-Westfalen
1955, 74 Seiten, 25 Tabellen, DM 9,—

WESTDEUTSCHER VERLAG · KÖLN UND OPLADEN

HEFT 125
Prof. Dr. E. Kappler, Münster
Eine neue Methode zur Bestimmung von Kondensations-Koeffizienten von Wasser
1955, 46 Seiten, 11 Abb., 1 Tabelle, DM 9,10

HEFT 126
Prof. Dr.-Ing. J. Mathieu, Aachen
Arbeitszeitvergleich
Grundlagen, Methodik und praktische Durchführung
1955, 70 Seiten, DM 13,—

HEFT 127
Güteschutz Betonstein e. V., Arbeitskreis Nordrhein-Westfalen, Dortmund
Die Betonwaren-Gütesicherung im Lande Nordrhein-Westfalen
1955, 58 Seiten, 15 Abb., 3 Tabellen, DM 11,50

HEFT 128
Prof. Dr. O. Schmitz-DuMont, Bonn
Untersuchungen über Reaktionen in flüssigem Ammoniak
1955, 96 Seiten, 11 Abb., 6 Tabellen, DM 17,75

HEFT 129
Prof. Dr.-Ing. J. Mathieu und Dr. C. A. Roos, Aachen
Die Anlernung von Industriearbeitern
I. Ergebnisse einer grundsätzlichen Untersuchung der gegenwärtigen Industriearbeiter-Kurzanlernung
1955, 106 Seiten, DM 19,70

HEFT 130
Prof. Dr.-Ing. J. Mathieu und Dr. C. A. Roos, Aachen
Die Anlernung von Industriearbeitern
II. Beiträge zur Methodenfrage der Kurzanlernung
1955, 108 Seiten, DM 19,90

HEFT 131
Dr. W. Hoerburger, Köln
Versuche zur Biosynthese von Eiweiß aus Kohlenwasserstoff
1955, 34 Seiten, 2 Abb DM 6,90

HEFT 132
Prof. Dr. W. Seith, Münster
Über Diffusionserscheinungen in festen Metallen
1955, 42 Seiten, 19 Abb., 4 Tabellen, DM 9,10

HEFT 133
Prof. Dr. E. Jenckel, Aachen
Über einen für Schwermetalle selektiven Ionenaustauscher
1955, 48 Seiten, 8 Abb., 13 Tabellen, DM 9,50

HEFT 134
Prof. Dr.-Ing. H. Winterhager, Aachen
Über die elektrochemischen Grundlagen der Schmelzfluß-Elektrolyse von Bleisulfid in geschmolzenen Mischungen mit Bleichlorid
1955, 54 Seiten, 20 Abb., 5 Tabellen, DM 11,80

HEFT 135
Prof. Dr.-Ing. K. Krekeler und Dr.-Ing. H. Peukert, Aachen
Die Änderung der mechanischen Eigenschaften thermoplastischer Kunststoffe durch Warmrecken
1955, 54 Seiten, 27 Abb., DM 11,10

HEFT 136
Dipl.-Phys. P. Pilz, Remscheid
Über spezielle Probleme der Zerkleinerungstechnik von Weichstoffen
1955, 58 Seiten, 19 Abb., 2 Tabellen, DM 11,50

HEFT 137
Prof. Dr. W. Baumeister, Münster
Beiträge zur Mineralstoffernährung der Pflanzen
1955, 64 Seiten, 6 Tabellen, DM 11,80

HEFT 138
Dr. P. Hölemann und Ing. R. Hasselmann, Dortmund
Untersuchungen über die Zersetzungswärme von gasförmigem und in Azeton gelöstem Azetylen
1955, 54 Seiten, 8 Abb., 7 Tabellen, DM 10,40

HEFT 139
Prof. Dr. W. Fuchs, Aachen
Studien über die thermische Zersetzung der Kohle und die Kohlendestillatprodukte
1955, 64 Seiten, 20 Abb., 22 Tabellen, DM 11,80

HEFT 140
Dr.-Ing. G. Hausberg, Essen
Modellversuche an Zyklonen
1955, 78 Seiten, 24 Abb., DM 15,70

HEFT 141
Dr. J. van Calker und Dr. R. Wienecke, Münster
Untersuchungen über den Einfluß dritter Analysenpartner auf die spektrochemische Analyse
1955, 42 Seiten, 15 Abb., DM 9,10

HEFT 142
Dipl.-Ing. G. M. F. Wiebel, Hannover, A. Konermann und A. Ottenheym, Sennelager
Entwicklung eines Kalksandleichtsteines
1955, 38 Seiten, 4 Abb., DM 8,—

HEFT 143
Prof. Dr. F. Wever, Dr. A. Rose und Dipl.-Ing. W. Straßburg, Düsseldorf
Härtbarkeit und Umwandlungsverhalten der Stähle
1955, 50 Seiten, 12 Abb., 3 Tabellen, DM 10,70

HEFT 144
Prof. Dr. H. Wurmbach, Bonn
Steuerung von Wachstum und Formbildung
1955, 48 Seiten, 19 Abb., DM 10,30

HEFT 145
Dr. G. Hennemann, Werdohl (Westf.)
Beitrag zur Interpretation der modernen Atomphysik
1955, 34 Seiten, DM 10,—

HEFT 146
Dr.-Ing. F. Gruß, Düsseldorf
Sterilisation mit Heißluft
1955, 34 Seiten, 10 Abb., DM 7,70

HEFT 147
Dr.-Ing. W. Rudisch, Unna
Untersuchung einer drehelastischen Elektromagnet-Synchronkupplung
1955, 82 Seiten, 65 Abb., DM 17,70

HEFT 148
Prof. Dr. H. Bittel u. Dipl.-Phys. L. Storm, Münster
Untersuchungen über Widerstandsrauschen
1955, 40 Seiten, 5 Abb., DM 8,40

HEFT 149
Dipl.-Ing. K. Konopicky und Dipl.-Chem. P. Kampa, Bonn
I. Beitrag zur flammenphotometrischen Bestimmung des Calciums.
Dr.-Ing. K. Konopicky, Bonn
II. Die Wanderung von Schlackenbestandteilen in feuerfesten Baustoffen
1955, 54 Seiten, 10 Abb., 5 Tabellen, DM 11,—

HEFT 150
Prof. Dr.-Ing. O. Kienzle und Dipl.-Ing. W. Timmerbeil, Hannover
Das Durchziehen enger Kragen an ebenen Fein- und Mittelblechen
1955, 52 Seiten, 20 Abb., 8 Tabellen, DM 11,30

HEFT 151
Dipl.-Ing. P. Karabasch, Aachen
Feststellung des optimalen Gasgehaltes von Bronzen zur Erzielung druckdichter Gußstücke
1956, 64 Seiten, 31 Abb., 5 Tabellen, DM 13,90

HEFT 152
Dipl.-Ing. G. Müller, Köln
Ermittlung der Laufeigenschaften (Vergießbarkeit) von Bronze und Rotguß mittels der Schneider-Gießspirale
1955, 60 Seiten, 33 Abb., DM 13,30

HEFT 153
Prof. Dr. F. Wever, Dr.-Ing. W. A. Fischer und Dipl.-Ing. J. Engelbrecht, Düsseldorf
I. Die Reduktion sauerstoffhaltiger Eisenschmelzen im Hochvakuum mit Wasserstoff und Kohlenstoff
II. Einfluß geringer Sauerstoffgehalte auf das Gefüge und Alterungsverhalten von Reineisen
1955, 54 Seiten, 15 Abb., 2 Tabellen, DM 12,40

HEFT 154
Prof. Dr.-Ing. P. Bardenheuer und Dr.-Ing. W. A. Fischer, Düsseldorf
Die Verschlackung von Titan aus Stahlschmelzen im sauren und basischen Hochfrequenzofen unter verschiedenen Schlacken
1955, 36 Seiten, 10 Abb., 1 Tabelle, DM 7,95

HEFT 155
Dipl.-Phys. K. H. Schirmer, München
Die auf Grau abgestimmte Farbwiedergabe im Dreifarbenbuchdruck
1955, 46 Seiten, 17 Abb., 2 Farbtafeln, DM 10,—

HEFT 156
Prof. Dr.-Ing. B. von Borries und Mitarbeiter, Düsseldorf
Die Entwicklung regelbarer permanentmagnetischer Elektronenlinsen hoher Brechkraft und eines mit ihnen ausgerüsteten Elektronenmikroskopes neuer Bauart
1956, 102 Seiten, 52 Abb., DM 22,55

HEFT 157
Dr. W. Jawtusch, Dr. G. Schuster und Prof. Dr.-Ing. R. Jaeckel, Bonn
Untersuchungen über die Stoßvorgänge zwischen neutralen Atomen und Molekülen
1955, 48 Seiten, 15 Abb., 3 Tabellen, DM 10,50

HEFT 158
Dipl.-Ing. W. Rosenkranz, Meinerzhagen
Ein Beitrag zum Problem der Spannungskorrosion bei Preßprofilen und Preßteilen aus Aluminium-Legierungen
1956, 112 Seiten, 61 Abb., 5 Tabellen, DM 27,40

HEFT 159
Dr.-Ing. O. Viertel und O. Oldenroth, Krefeld
Das Bleichen von Weißwäsche mit Wasserstoffsuperoxyd bzw. Natriumhypochlorit beim maschinellen Waschen
1955, 54 Seiten, 23 Abb., 2 Tabellen, DM 11,45

HEFT 160
Prof. Dr. W. Klemm, Münster
Über neue Sauerstoff- und Fluor-haltige Komplexe
1955, 50 Seiten, 13 Abb., 7 Tabellen, DM 10,80

HEFT 161
Prof. Dr. W. Weltzien und Dr. G. Hauschild, Krefeld
Über Silikone und ihre Anwendung in der Textilveredlung
1955, 162 Seiten, 22 Abb., 10 Tabellen, DM 27,—

HEFT 162
Prof. Dr. F. Wever, Prof. Dr. A. Kochendörfer und Dr.-Ing. Chr. Rohrbach, Düsseldorf
Kennzeichnung der Sprödbruchneigung von Stählen durch Messung der Fließspannung, Reißspannung und Brucheinschnürung an dreiachsig beanspruchten Proben *1955, 58 Seiten, 26 Abb., DM 13,—*

HEFT 163
Dipl.-Ing. W. Rohs und Text.-Ing. H. Griese, Bielefeld
Untersuchungsarbeiten zur Verbesserung des Leinenwebstuhls III
1955, 80 Seiten, 15 Abb., 18 Tabellen, DM 15,80

HEFT 164
Dr.-Ing. H. Schmachtenberg, Köln
Neuartige Prüfeinrichtungen für Kraftfahrzeuge
1955, 44 Seiten, 23 Abb., DM 9,60

HEFT 165
Dr.-Ing. W. Wilhelm, Aachen
Instationäre Gasströmung im Auspuffsystem eines Zweitaktmotors
1955, 62 Seiten, 31 Abb., 8 Tabellen, DM 13,60

HEFT 166
Prof. Dr. M. v. Stackelberg, Dr. H. Heindze, Dr. H. Hübschke und Dr. K. H. Frangen, Bonn
Kolloidchemische Untersuchungen
1955, 106 Seiten, 8 Abb., 13 Tabellen, DM 21,25

HEFT 167
Prof. Dr.-Ing. F. Schuster, Essen
I. Über die Heißkarburierung von Brenngasen mit Ölen und Teeren
II. Die Strahlungsvorgänge in brennstoffbeheizten Öfen bei verschiedenen Verbrennungsatmosphären
1955, 38 Seiten, 8 Abb., DM 8,30

HEFT 168
Prof. Dr.-Ing. F. Schuster, Essen
I. Luftvorwärmung an Gasfeuerungen
II. Heizwerthöhe von Brenngasen und Wirkungsgrad sowie Gasverbrauch bei der Gasverwendung
III. Sauerstoffangereicherte Luft und feuerungstechnische Kenngrößen von Brenngasen
1955, 60 Seiten, 18 Abb., DM 12,50

HEFT 169
Forschungsinstitut für Pigmente und Lacke, Stuttgart
Arbeiten über die Bestimmung des Gebrauchswertes von Lackfilmen durch physikalische Prüfungen
1955, 70 Seiten, 23 Abb., 4 Tabellen, DM 15,—

HEFT 170
Prof. Dr. F. Wever, Dr. A. Rose und Dipl.-Ing L. Rademacher, Düsseldorf
Anwendung der Umwandlungsschaubilder auf Fragen der Werkstoffauswahl beim Schweißen und Flammhärten *1955, 64 Seiten, 25 Abb., DM 13,70*

WESTDEUTSCHER VERLAG · KÖLN UND OPLADEN

HEFT 171
Wäschereiforschung Krefeld
Untersuchung der Wäscheentwässerung mit Hilfe von Zentrifugen und Pressen
1955, 42 Seiten, 16 Abb., 4 Tabellen, DM 9,70

HEFT 172
Dipl.-Ing. W. Rohs, Dr.-Ing. G. Satlow und Text.-Ing. G. Heller, Bielefeld
Trocknung von Hanfgarnen. Kreuzspultrocknung
1955, 60 Seiten, 7 Abb., 4 Tabellen, DM 10,30

HEFT 173
Prof. Dr. R. Hosemann und Dipl.-Phys. G. Schoknecht, Berlin, vorgelegt von Prof. Dr. W. Kast, Krefeld
Lichtoptische Herstellung und Diskussion der Faltungsquadrate parakristalliner Gitter
1956, 108 Seiten, 63 Abb., 6 Tabellen, DM 24,70

HEFT 174
Prof. Dr. W. von Fragstein, Dr. J. Meingast und H. Hoch, Köln
Herstellung von Solen einheitlicher Teilchengröße und Ermittlung ihrer optischen Eigenschaften
1955, 78 Seiten, 80 Abb., 4 Tabellen, DM 18,25

HEFT 175
Dr.-Ing. H. Zeller, Aachen
Beitrag zur eindimensionalen stationären und nichtstationären Gasströmung mit Reibung und Wärmeleitung, insbesondere in Rohren mit unstetigen Querschnittsänderungen.
1956, 138 Seiten, 56 Abb., DM 29,30

HEFT 176
Dipl.-Ing. H. Schöberl, Duisburg
Über die Methoden zur Ermittlung der Verbrennungstemperatur von Brennstoffen und ein Vorschlag zu ihrer Verbesserung
1955, 30 Seiten, 3 Abb., DM 6,50

HEFT 177
Dipl.-Ing. H. Stüdemann, Solingen, und Dr.-Ing. W. Müchler, Essen
Entwicklung eines Verfahrens zur zahlenmäßigen Bestimmung der Schneideigenschaften von Messerklingen
1956, 104 Seiten, 68 Abb., 4 Tabellen, DM 22,20

HEFT 178
Prof. Dr. M. von Stackelberg u. Dr. W. Hans, Bonn
Untersuchungen zur Ausarbeitung und Verbesserung von polarographischen Analysenmethoden
1955, 46 Seiten, 14 Abb., DM 10,50

HEFT 179
Dipl.-Ing. H. F. Reineke, Bochum
Entwicklungsarbeiten auf dem Gebiete der Meß- und Regeltechnik
1955, 46 Seiten, 10 Abb., DM 10,—

HEFT 180
Dr.-Ing. W. Piepenburg, Dipl.-Ing. B. Bühling und Bauing. J. Behnke, Köln
Putzarbeiten im Hochbau und Versuche mit aktiviertem Mörtel und mechanischem Mörtelauftrag
1955, 116 Seiten, 31 Abb., 68 Tabellen, DM 23,—

HEFT 181
Prof. Dr. W. Franz, Münster
Theorie der elektrischen Leitvorgänge in Halbleitern und isolierenden Festkörpern bei hohen elektrischen Feldern
1955, 28 Seiten, 2 Abb., 1 Tabelle, DM 6,20

HEFT 182
Dr.-Ing. P. Schenk u. Dr. K. Osterloh, Düsseldorf
Katalytisch-thermische Spaltung von gasförmigen und flüssigen Kohlenwasserstoffen zur Spitzengaserzeugung
1955, 50 Seiten, 11 Abb., 11 Tabellen, DM 10,90

HEFT 183
Dr. W. Bornheim, Köln
Entwicklungsarbeiten an Flaschen- und Ampullen-Behandlungsmaschinen für die pharmazeutische Industrie
1956, 48 Seiten, 24 Abb., DM 11,70

HEFT 184
Dr.-Ing. E. Printz, Kettwig
Vollhydraulische Parallel-Kupplung für Ackerschlepper
1955, 32 Seiten, 4 Abb., DM 7,80

HEFT 185
Dipl.-Ing. W. Rohs und Text.-Ing. G. Heller, Bielefeld
Studien an einem neuzeitlichen Kreuzspultrockner für Bastfasergarne mit Wiederbefeuchtungszone
1955, 52 Seiten, 9 Abb., 3 Tabellen, DM 10,70

HEFT 186
Dr. E. Wedekind, Krefeld
Untersuchungen zur Arbeitsbestgestaltung bei der Fertigstellung von Oberhemden in gewerblichen Wäschereien
1955, 124 Seiten, 28 Abb., 6 Tabellen, 2 Falttaf., DM 12,—

HEFT 187
Dipl.-Ing. F. Göttgens, Essen
Über die Eigenarten der Bimetall-, Thermo- und Flammenionisationssicherungsmethode in ihrer Anwendung auf Zündsicherungen
1955, 40 Seiten, 6 Abb., 4 Tabellen, DM 8,40

HEFT 188
W. Kinnebrock, Langenberg (Rhld.)
Der Einfluß des Austausches gleicher Gaskochbrenner bzw. Gaskochbrennerteile auf den Wirkungsgrad und insbesondere auf den CO-Gehalt der Verbrennungsgase
1955, 42 Seiten, 7 Tabellen, DM 8,70

HEFT 189
Fa. E. Leybold's Nachfolger, Köln
I. Ausgewählte Kapitel aus der Vakuumtechnik
II. Zum Verlust anorganisch-nichtflüchtiger Substanzen während der Gefriertrocknung
1955, 52 Seiten, 16 Abb., 3 Tabellen, DM 11,20

HEFT 190
Prof. Dr. A. Neuhaus, Prof. Dr. O. Schmitz-DuMont und Dipl.-Chem. H. Reckhard, Bonn
Zur Kenntnis der Alkalititanate
1955, 60 Seiten, 13 Abb., 1 Tabelle, DM 12,20

HEFT 191
Dr. H. Söhngen, Darmstadt
Schwingungsverhalten eines Schaufelkranzes im Vakuum
1955, 36 Seiten, 7 Abb., DM 7,80

HEFT 192
Dipl.-Phys. E. M. Schneider, München
Kohlebogenlampen für Aufnahme und Kopie
1955, 48 Seiten, 21 Abb., 3 Tabellen, DM 10,60

HEFT 193
Prof. Dr. O. Schmitz-DuMont, Bonn
Untersuchungen über neue Pigmentfarbstoffe
1956, 50 Seiten, 16 Abb., 8 Tabellen, DM 11,20

HEFT 194
Dr. K. Hecht, Köln
Entwicklung neuartiger physikalischer Unterrichtsgeräte
1955, 42 Seiten, 16 Abb., DM 9,90

HEFT 195
Dr.-Ing. E. Rößger, Köln
Gedanken über einen neuen deutschen Luftverkehr
1955, 342 Seiten, 29 Abb., 122 Tabellen, DM 50,—

HEFT 196
Dipl.-Ing. W. Rohs und Text.-Ing. H. Griese, Bielefeld
Auswirkungen von Garnfehlern bei der Verarbeitung von Leinengarnen
1955, 36 Seiten, 3 Abb., 6 Tabellen, DM 7,80

HEFT 197
Dr. E. Wedekind, Krefeld
Untersuchungen zur Bestimmung der optimalen Arbeitsplatzgröße bei Mehrstuhlarbeit in der Weberei
1955, 92 Seiten, 34 Abb., DM 18,50

HEFT 198
Prof. Dr. J. Weissinger, Karlsruhe
Zur Aerodynamik des Ringflügels. Die Druckverteilung dünner, fast drehsymmetrischer Flügel in Unterschallströmung
1955, 42 Seiten, 5 Abb., DM 9,—

HEFT 199
Textilforschungsanstalt Krefeld
Die Messung von Gewebetemperaturen mittels Temperaturstrahlung
1955, 50 Seiten, 12 Abb., DM 10,90

HEFT 200
R. Seipenbusch, Langenberg (Rhld.)
Spitzengas durch Zusatz von Flüssiggas-Wassergas- und Flüssiggas-Generatorgas-Gemischen zu Stadtgas
1955, 48 Seiten, 21 Tabellen, DM 10,35

HEFT 201
Dr.-Ing. E. W. Pleines, Frankfurt/Main
Die Sicherheit im Luftverkehr
1956, 194 Seiten, 39 Abb., 19 Tabellen, DM 39,50

HEFT 202
Dipl.-Ing. D. Fiecke, Stuttgart/Zuffenhausen
Die Bestimmung der Flugzeugpolaren für Entwurfszwecke. I Teil: Unterlagen
1956, 216 Seiten, 171 Diagr., DM 59,70

HEFT 203
Dr. G. Wandel, Bonn
Uferbewachsung und Lebendverbauung an den Nordwestdeutschen Kanälen und ihren Zuflüssen sowie an der Ruhr
1956, 122 Seiten, 88 Abb., DM 25,70

HEFT 204
Dipl.-Ing. B. Naendorf, Langenberg (Rhld.)
Bestimmung der Brenneigenschaften und des Brennverhaltens verschiedener Gasarten und Einfluß verschiedener Düsengestaltung
1955, 32 Seiten, DM 7,10

HEFT 205
Dr. C. Schaarwächter, Düsseldorf
Über plastische Kupfer-Eisen-Phosphor-Legierungen
1936, 36 Seiten, 10 Abb., 10 Tabellen, DM 8,30

HEFT 206
Dr. P. Hölemann, Ing. R. Hasselmann und Ing. G. Dix, Dortmund
Untersuchungen über die Vorgänge bei der Zersetzung von in Azeton gelöstem Azetylen
1956, 74 Seiten, 7 Abb., 7 Tabellen, DM 15,55

HEFT 207
Prof. Dr.-Ing. H. Opitz, Dipl.-Ing. K. H. Fröhlich und Dipl.-Ing. H. Siebel, Aachen
Richtwerte für das Fräsen von unlegierten und legierten Baustählen mit Hartmetall. I. Teil
1956, 48 Seiten, 27 Abb., 3 Tabellen, DM 11,10

HEFT 208
Prof. Dr.-Ing. H. Müller, Essen
Untersuchung von Elektrowärmegeräten für Laienbedienung hinsichtlich Sicherheit und Gebrauchsfähigkeit. I. Untersuchungen an Kochplatten
1956, 100 Seiten, 76 Abb., 7 Tabellen, DM 22,70

HEFT 209
Dr. K. Bunge, Leverkusen
Materialabbau in Funkenentladungen. Untersuchungen an Zinkkathoden
1956, 54 Seiten, 10 Abb., 5 Tabellen, DM 11,40

HEFT 210
Dr. W. Porschen und Prof. Dr. W. Riezler, Bonn
Langlebige Alphaaktivitäten bei natürlichen Elementen
1955, 40 Seiten, 5 Abb., 4 Tabellen, DM 8,80

HEFT 211
Prof. Dipl.-Ing. W. Sturtzel und Dr.-Ing. W. Graff, Duisburg
Die Versuchsanstalt für Binnenschiffbau, Duisburg
1956, 48 Seiten, 22 Abb., 11,—

HEFT 212
Dipl.-Ing. H. Spodig, Selm
Untersuchung zur Anwendung der Dauermagnete in der Technik
1955, 44 Seiten, 25 Abb., DM 9,80

HEFT 213
Dipl.-Ing. K. F. Rittinghaus, Aachen
Zusammenstellung eines Meßwagens für Bau- und Raumakustik
1957, 96 Seiten 17 Abb., 7 Tabellen DM 19,80

HEFT 214
Dr.-Ing. J. Endres, München
Berechnung der optimalen Leistungen, Kraftstoffverbräuche und Wirkungsgrade von Einkreis-Turbolader-Strahltriebwerken am Boden und in der Höhe bei Fluggeschwindigkeiten von 0—2000 km/h
1956, 72 Seiten, 18 Abb., 8 Tabellen, DM 15,40

HEFT 215
Prof. Dr.-Ing. H. Opitz und Dr.-Ing. G. Weber, Aachen
Einfluß der Wärmebehandlung von Baustählen auf Spanentstehung, Schnittkraft- und Standzeitverhalten
1956, 80 Seiten, 30 Abb., 10 Tabellen, DM 18,40

HEFT 216
Dr. E. Kloth, Köln
Untersuchungen über die Ausbreitung kurzer Schallimpulse bei der Materialprüfung mit Ultraschall
1956, 90 Seiten, 60 Abb., 4 Tabellen, DM 19,40

HEFT 217
Rationalisierungskuratorium der Deutschen Wirtschaft (RKW), Frankfurt/Main
Typenvielzahl bei Haushaltgeräten und Möglichkeiten einer Beschränkung
1956, 328 Seiten, 2 Abb., 181 Tabellen, DM 49,50

HEFT 218
Dr. F. Keune, Aachen
Bericht über eine Theorie der Strömung um Rotationskörper ohne Anstellung bei Machzahl Eins
1955, 40 Seiten, 8 Abb., 5 Formelblätter, DM 8,80

WESTDEUTSCHER VERLAG · KÖLN UND OPLADEN

HEFT 219
Prof. Dr. W. Fuchs, Aachen
Untersuchungen zur Holzabfallverwertung und zur Chemie des Lignins
1955, 54 Seiten, 11 Abb., 15 Tabellen DM 11,40

HEFT 220
Prof. Dr. W. Fuchs, Aachen
Die Entwicklung neuer Regel- und Kontroll-Apparate zur coulometrischen Analyse
1956, 76 Seiten, 17 Abb. 23 Tabellen, DM 15,50

HEFT 221
Dr. W. Meyer-Eppler, Bonn
Experimentelle Untersuchungen zum Mechanismus von Stimme und Gehör in der lautsprachlichen Kommunikation *1955, 56 Seiten, 24 Abb., DM 13,45*

HEFT 222
Dr. L. Köllner, Münster, und Dipl.-Volkswirt M. Kaiser, Bochum
Die internationale Wettbewerbsfähigkeit der westdeutschen Wollindustrie *1956, 214 Seiten, DM 39,50*

HEFT 223
Dr.-Ing. K. Alberti und Dr. F. Schwarz, Köln
Über das Problem Hartbrand-Weichbrand
1956, 54 Seiten, 25 Abb., 14 Tabellen, DM 12,10

HEFT 224
Dipl.-Ing. H. Stüdemann und Ing. R. Beu, Solingen
Verfahren zur Prüfung der Korrosionsbeständigkeit von Messerklingen aus rostfreiem Stahl
1956, 82 Seiten, 28 Abb., DM 16,90

HEFT 225
Dr.-Ing. E. Barz, Remscheid
Der Spannungszustand von Gattersägeblättern
1956, 74 Seiten, 54 Abb., DM 16,50

HEFT 226
Technisch-wissenschaftliches Büro für die Bastfaserindustrie, Bielefeld
Untersuchungen zur Verbesserung des Leinenwebstuhles IV
Die Wirkung verschiedener Kettbaumbremsen auf die Verwebung von Leinengarnen
1956, 64 Seiten, 9 Abb., 4 Tabellen, DM 13,50

HEFT 227
Prof. Dr. F. Wever, Düsseldorf und Dr. W. Wepner, Köln
Untersuchung der Alterungsneigung von weichen unlegierten Stählen durch Härteprüfung bei Temperaturen bis 300 Grad C
1956, 34 Seiten, 20 Abb., 3 Tabellen, DM 7,95

HEFT 228
Prof. Dr. F. Wever, Dr. W. Koch, Düsseldorf, und Dr. B. A. Steinkopf, Dortmund
Spektrochemische Grundlagen der Analyse von Gemischen aus Kohlenmonoxyd, Wasserstoff und Stickstoff *1956, 42 Seiten, 18 Abb., 1 Tabelle, DM 9,90*

HEFT 229
Prof. Dr. F. Wever, Dr. W. Koch und Dr.-Ing. H. Malissa, Düsseldorf
Über die Anwendung disubstituierter Dithiocarbamate der analytischen Chemie
1956, 44 Seiten, 30 Abb., 5 Tabellen, DM 10,50

HEFT 230
Prof. Dr. F. Wever, Düsseldorf, und Dr. W. Wepner, Köln
Bestimmung kleiner Kohlenstoffgehalte im Alpha-Eisen durch Dämpfungsmessung
1956, 34 Seiten, 5 Abb., 2 Tabellen, DM 7,70

HEFT 231
Dr.-Ing. W. Küch, Dortmund
Über die Wechselwirkung zwischen Holzschutzbehandlung und Verleimung
1956, 48 Seiten, 10 Abb., 8 Tabellen, DM 10,40

HEFT 232
Prof. Dr.-Ing. O. Kienzle, Hannover, und Dr.-Ing. H. Münnich, Schweinfurt
Feststellung der Spannungen und Dehnungen und Bruchdrehzahlen der unter Fliehkraft und Bearbeitungskraft beanspruchten Schleifkörper
in Vorbereitung

HEFT 233
Dr. H. Haase, Hamburg
Infrarot-Bibliographie *1956, 90 Seiten, DM 17,80*

HEFT 234
Dr.-Ing. K. G. Speith und Dr.-Ing. A. Bungeroth, Duisburg
Versuche zur Steigerung des Kokillen-Schluckvermögens beim Stranggießen von Stahl
1956, 26 Seiten, 5 Abb., DM 6,15

HEFT 235
Prof. Dr.-Ing. K. Leist und Dipl.-Ing. W. Dettmering, Aachen
Turbinenschaufeln aus Kunststoff für Kaltluftversuchsanlagen
1956, 46 Seiten, 43 Abb., 3 Tabellen, DM 12,30

HEFT 236
Dr.-Ing. O. Viertel und S. Lucas, Krefeld
Ergebnisse einer Hausfrauenbefragung über Wascheinrichtungen und Waschmethoden in städtischen Haushaltungen
1956, 34 Seiten, 4 Abb., DM 7,60

HEFT 237
Dr. P. Endler und Dr. H. Ludes, Köln
Bericht über eine Studienreise zur Orientierung der heutigen Behandlung der Lungentuberkulose in den Vereinigten Staaten von Nordamerika
1956, 32 Seiten, DM 7,10

HEFT 238
Institut für textile Meßtechnik, M.-Gladbach, e. V.
Untersuchungen der Verzugsvorgänge an den Streckwerken verschiedener Spinnereimaschinen. 3. Bericht: Theoretische Betrachtungen über den Einfluß schlagender Zylinder und Druckrollen
1956, 66 Seiten, 21 Abb., DM 14,10

HEFT 239
Prof. Dr.-Ing. K. Leist, Dipl.-Ing. H. Scheele, Aachen, und Dipl.-Ing. F. H. Flottmann, Herne
Versuche an einem neuartigen luftgekühlten Hochleistungs-Kolbenkompressor
1956, 72 Seiten, 19 Abb., 7 Tabellen, DM 14,40

HEFT 240
Prof. Dr.-Ing. K. Leist und Dipl.-Ing. H. Scheele, Aachen
Temperaturmessungen an einem einstufigen luftgekühlten 4-Zylinder-Kolbenkompressor mit Kühlgebläse *1956, 74 Seiten, 36 Abb., DM 14,80*

HEFT 241
Prof. Dr.-Ing. K. Leist und Dipl.-Ing. M. Pötke, Aachen
Leistungsversuche an einem Kühlluftgebläse
1956, 60 Seiten, 13 Abb., DM 11,70

HEFT 242
Prof. Dr.-Ing. K. Leist und Dipl.-Ing. K. Graf, Aachen
Straßenfahrzeuge mit Gasturbinenantrieb
1956, 82 Seiten, 63 Abb., DM 17,20

HEFT 243
Prof. Dr.-Ing. K. Leist und Dipl.-Ing. S. Förster, Aachen
Die französische Kleingasturbine Artouste — 1. Teil
1956, 80 Seiten, 41 Abb., DM 15,85

HEFT 244
Prof. Dr. F. Wever, Dr. W. Koch und Dr. S. Eckhard, Düsseldorf
Erfahrungen mit der spektrochemischen Analyse von Gefügebestandteilen des Stahles
1956, 32 Seiten, 8 Abb., 2 Tabellen, DM 7,80

HEFT 245
Prof. Dr.-Ing. habil. K. Krekeler, Aachen
Das Verbinden von Metallen durch Kunstharzkleber. Teil I: Eigenschaften und Verwendung der Metallklebstoffe *1956, 48 Seiten, 8 Abb., DM 10,25*

HEFT 246
Prof. Dr.-Ing. habil. K. Krekeler, Aachen
Das Verbinden von Metallen durch Kunstharzkleber. Teil II: Untersuchungen an geklebten Leichtmetall-Verbindungen *1956, 80 Seiten, 40 Abb., DM 17,50*

HEFT 247
Dr. H. Söhngen, Darmstadt
Strömung vor einem Überschall-Laufrad
1956, 26 Seiten, 4 Abb., DM 7,60

HEFT 248
Rheinische Aktiengesellschaft für Braunkohlenbergbau und Brikettfabrikation, Köln
Untersuchung der Bindemitteleigenschaften von Braunkohlenfilteraschen
1956, 176 Seiten, 26 Abb., 30 Tabellen, DM 35,60

HEFT 249
Dr. M.-E. Meffert, Essen
Weitere Kulturversuche Scenedesmus obliquus
1956, 36 Seiten, 5 Abb., 10 Tabellen, DM 8,—

HEFT 250
Dr. F. Schwarz und Dr.-Ing. K. Alberti, Köln
Entwicklung von Untersuchungsverfahren zur Gütebeurteilung von Industriekalken
1956, 36 Seiten, 9 Abb., DM 16,50

HEFT 251
Prof. Dr. H. Bittel, Münster
Zur Statistik der ferromagnetischen Elementarvorgänge und ihren Einfluß auf das Barkhausenrauschen
1956, 52 Seiten, 14 Abb., DM 11,65

HEFT 252
Dipl.-Ing. H. Frings, Geilenkirchen
Die Wirkung abfallender Wetterführung auf Wettertemperatur, Grubengasgehalt und Staubbildung
1957, 126 Seiten, 23 Abb., 13 Falttafeln, 38 Tab., DM 35,70

HEFT 253
Dipl.-Ing. S. Schirmanski, Berghausen
Stand und Auswertung der Forschungsarbeiten über Temperatur- und Feuchtigkeitsgrenzen bei der bergmännischen Arbeit
1957, 80 Seiten, 24 Abb., 12 Tab., DM 17,10

HEFT 254
Prof. Dr. R. Danneel, Bonn
Quantitative Untersuchungen über die Entwicklung des Ehrlich-Ascitestumors bei Inzuchtmäusen
1956, 52 Seiten, 17 Tabellen, DM 11,75

HEFT 255
Ing. B. v. Schlippe, Bad Nauheim
Strömung von Flüssigkeiten mit temperaturabhängiger Zähigkeit (Kühlung von Öfen)
1956, 54 Seiten, 12 Abb., 4 Tabellen, DM 11,70

HEFT 256
Prof. Dr. C. Schmieden und Dipl.-Math. K. H. Müller, Darmstadt
Die Strömung einer Quellstrecke im Halbraum — eine strenge Lösung der Navier-Stokes-Gleichungen
1956, 40 Seiten, 9 Abb., DM 8,80

HEFT 257
Prof. Dr. G. Lehmann und Dr. J. Tamm, Dortmund
Die Beeinflussung vegetativer Funktionen des Menschen durch Geräusche
1956, 48 Seiten, 25 Abb., 3 Tabellen, DM 11,20

HEFT 258
Dr. H. Paul, Linz (Rhein), und Prof. Dr. O. Graf, Dortmund
Zur Frage der Unfälle im Bergbau
1956, 52 Seiten, 9 Abb., 22 Tabellen, DM 11,20

HEFT 259
Prof. D. W. Linke, Aachen
Strömungsvorgänge in künstlich belüfteten Räumen
1956, 52 Seiten, 37 Abb., 1 Tabelle, DM 11,80

HEFT 260
Prof. Dr. W. Kast, Freiburg (Br.), Prof. Dr. A. H. Stuart und Dipl.-Phys. H. G. Fendler, Hannover
Lichtzerstreuungsmessungen an Lösungen hochpolymerer Stoffe
1956, 70 Seiten, 25 Abb., 5 Tabellen, DM 15,60

HEFT 261
Prof. Dr. W. Kast, Freiburg (Br.)
Feinstruktur-Untersuchungen an künstlichen Zellulosefasern verschiedener Herstellungsverfahren.
Teil II: Der Kristallisationszustand
1956, 80 Seiten, 27 Abb., 11 Tabellen, DM 17,20

HEFT 262
Dr.-Ing. W. Batel, Aachen
Untersuchungen zur Absiebung feuchter, feinkörniger Haufwerke und Schwingsieben
1956, 100 Seiten, 45 Abb., 5 Tabellen, DM 23,40

HEFT 263
Prof. Dr. H. Lange und Dipl.-Phys. R. Kohlhaas, Köln
Über die Wärmeleitfähigkeit von Stählen bei hohen Temperaturen: Teil I: Literaturbericht
1956, 48 Seiten, 26 Abb., 8 Tabellen, DM 10,70

HEFT 264
Prof. Dr. W. Weizel, Bonn
Durch schnelle Funkenzusammenbrüche ausgelöste Signale auf einer Leitung
1956, 26 Seiten, 4 Abb., 3 Tabellen, DM 6,10

HEFT 265
Prof. Dr. F. Micheel und Dr. R. Engel, Münster
Eine Apparatur zur elektrophoretischen Trennung von Stoffgemischen
1956, 38 Seiten, 21 Abb., DM 9,20

HEFT 266
Fliesen-Beratungsstelle Bad Godesberg-Mehlem
Güteeigenschaften keramischer Wand- und Bodenfliesen und deren Prüfmethoden
1956, 32 Seiten, DM 7,10

HEFT 267
Prof. Dr. W. Weizel und B. Brandt, Bonn
Zur Stabilität stromstarker Glimmentladungen
1956, 36 Seiten, 7 Abb., DM 8,40

WESTDEUTSCHER VERLAG · KÖLN UND OPLADEN

HEFT 268
Prof. Dr.-Ing. G. Vogelpohl, Göttingen
Über die Tragfähigkeit von Gleitlagern und ihre Berechnung
1956, 76 Seiten, 24 Abb., 7 Tabellen, DM 16,85

HEFT 269
Markscheider R. Bals, Bochum
Eignung des Gebirgsankerausbaus zur Erleichterung des Streckenvortriebs im Steinkohlenbergbau
1956, 84 Seiten, 41 Abb., DM 18,75

HEFT 270
Dr. H. Krebs und Mitarbeiter, Bonn
Die Trennung von Racematen auf chromatographischem Wege
1956, 62 Seiten, 18 Tabellen, DM 12,95

HEFT 271
Prof. Dr.-Ing. H. Opitz und Dipl.-Ing. H. Axer, Aachen
Beeinflussung des Verschleißverhaltens bei spanenden Werkzeugen durch flüssige und gasförmige Kühlmittel und elektrische Maßnahmen
1956, 46 Seiten, 28 Abb., DM 10,70

HEFT 272
Prof. Dr. W. Fuchs und Dr. H. Dresia, Aachen
Untersuchungen über die Schnellverbrennung und Schnellvergasung fester Brennstoffe
1956, 56 Seiten, 14 Abb., 3 Tabellen, DM 11,90

HEFT 273
Fa. K. W. Tacke G.m.b.H., Wuppertal-Barmen
Erfahrungen beim Verspinnen von Perlonfasern und bei der Herstellung von Trikotagen aus gesponnenem Perlon
1956, 36 Seiten, DM 7,90

HEFT 274
Prof. Dr.-Ing. K. Krekeler, Aachen
Qualitative Untersuchungen bei Verbindungsschweißungen mittels Lichtbogenschweißautomaten unter Verwendung von Blankdraht und Zugabe von ferromagnetischem Pulver als Umhüllung
1956, 68 Seiten, 40 Abb., 8 Tabellen, DM 15,45

HEFT 275
Prof. Dr.-Ing. habil. K. Krekeler, Aachen, und Dipl.-Ing. H. Verhoeven, Aachen
Quantitative Untersuchungen von Punktschweißverbindungen an Tiefzieh- und Aluminiumblechen, die nach dem Argonarc-Punktschweißverfahren hergestellt werden
1956, 64 Seiten, 45 Abb., DM 14,60

HEFT 276
Fa. E. Haage, Mülheim (Ruhr)
Entwicklungsarbeiten im Apparatebau für Laboratorien
1956, 48 Seiten, 18 Abb., DM 10,50

HEFT 277
Dr.-Ing. W. Müchler, Essen
Untersuchung und zahlenmäßige Bestimmung der Schneideigenschaften von Messern mit besonderer Berücksichtigung rostfreier Messerstähle
1956, 60 Seiten, 27 Abb., 5 Tabellen, DM 13,20

HEFT 278
Dipl.-Ing. J. Stelter und Dipl.-Ing. H. Kickert, Aachen
I. Sichtbarmachung von Ultraschallfeldern unter Verwendung photographischer Emulsionsschichten
II. Methode zur Bestimmung der wirklichen Temperaturverhältnisse in Flüssigkeiten während der Beschallung (Nach einer Diplom-Arbeit von H. Schnitzler)
1956, 54 Seiten, 24 Abb., DM 12,75

HEFT 279
Dr. F. Keune, Aachen
Der gewölbte und verwundene Tragflügel ohne Dicke in Schallnähe
1956, 42 Seiten, 15 Abb., DM 9,25

HEFT 280
Dipl.-Ing. J. Stelter und Dipl.-Ing. E. Pfende, Aachen
Über Störerscheinungen bei Schallgeschwindigkeitsmessungen mittels der Interferometermethode
1956, 42 Seiten, 13 Abb., DM 9,60

HEFT 281
Prof. Dr.-Ing. K. Lürenbaum, Aachen
Der Meßwagen des Instituts für Maschinen-Dynamik der Deutschen Versuchsanstalt für Luftfahrt, Aachen
1956, 34 Seiten, 17 Abb., DM 8,60

HEFT 282
Bergrat a. D. Scherer, Bochum
Das B. T.-Schwelverfahren und seine Anwendung auf der Anlage Marienau
1956, 44 Seiten, 7 Abb., DM 9,60

HEFT 283
Prof. Dr. F. Wever und Dr.-Ing. W. Lueg, Düsseldorf
Warmstauchversuche zur Ermittlung der Formänderungsfestigkeit von Gesenkschmiede-Stählen
1956, 44 Seiten, 19 Abb., DM 9,90

Heft 284
Prof. Dr. F. Wever, Düsseldorf, Dr.-Ing. H. J. Wiester, Essen, Dr.-Ing. F. W. Straßburg, Duisburg, Prof. Dr.-Ing. H. Opitz, Aachen, und Dr.-Ing. K. H. Fröhlich, Köln
Einfluß des Gefüges auf die Zerspanbarkeit von Einsatz- und Vergütungsstählen
1957, 88 Seiten, 126 Abb., 11 Tab., DM 22,45

HEFT 285
Prof. Dr.-Ing. O. Kienzle, Dr.-Ing. K. Lange, Hannover, und Dipl.-Ing. H. Meinert, Osterode
Einfluß der Oberfläche auf das Verschleißverhalten von Schmiedegesenken
1956, 62 Seiten, 29 Abb., 8 Tabellen, DM 14,60

HEFT 286
Dr.-Ing. K. Lange, Hannover, Dipl.-Ing. H. Meinert, Osterode, unter Mitarbeit von Dr.-Ing. H. Arend, Mülheim (Ruhr)
Verschleißverhalten hartverchromter Schmiedegesenke
1956, 74 Seiten, 53 Abb., 6 Tabellen, DM 17,65

HEFT 287
Prof. Dr.-Ing. habil. K. Krekeler, Aachen
Änderungen der mechanischen Eigenschaftswerte thermoplastischer Kunststoffe bei Beanspruchung in verschiedenen Medien
1956, 62 Seiten, 23 Abb., 5 Tabellen, DM 13,70

HEFT 288
Dr. K. Brücker-Steinkuhl, Düsseldorf
Anwendung mathematisch-statischer Verfahren in der Industrie
1956, 103 Seiten, 27 Abb., 14 Tabellen, DM 24,20

HEFT 289
Prof. Dr.-Ing. H. Winterhager, Aachen
Kombinierter Widerstands- und Lichtbogen-Vakuumofen zur Verarbeitung von Titanschwamm
Prof. Dr. Dr. h. c. R. Schwarz, Aachen
Erforschung neuer Wege zur Darstellung von Titanmetall
1957, 42 Seiten, 18 Abb., DM 9,70

HEFT 290
Dr. D. Horstmann, Düsseldorf
I. Der verstärkte Angriff des Zinks auf Eisen im Temperaturgebiet um 500° C
II. Einfluß eines Antimongehaltes auf den Angriff von Zinkschmelzen auf Eisen
1956, 48 Seiten, 33 Abb., 3 Tabellen, DM 11,90

HEFT 291
Dr.-Ing. H. J. Wiester und Dr. D. Horstmann, Düsseldorf
Der Angriff eisengesättigter Zinkschmelzen auf silizium- und manganhaltiges Eisen
1956, 52 Seiten, 45 Abb., 8 Tabellen, DM 12,60

HEFT 292
Dipl.-Ing. W. Rohs und Text.-Ing. H. Griese, Bielefeld
Webversuche an Leinenwebstühlen mit verbesserter Schaftbewegung
1956, 34 Seiten, 3 Abb., 2 Tabellen, DM 7,60

HEFT 293
Prof. J. W. Korte, unter Mitarbeit von Dipl.-Ing. P. A. Mäcke und Dipl.-Ing. W. Leutzbach, Aachen
Die Leistungsfähigkeit von Verkehrsanlagen des motorisierten städtischen Straßenverkehrs
1956, 98 Seiten, 35 Abb., 5 Tabellen, 1 Falttafel, DM 22,50

HEFT 294
Dipl.-Ing. B. Naendorf, Essen
Untersuchungen industrieller Gasbrenner
1956, 58 Seiten, 6 Abb., 3 Tabellen, DM 12,40

HEFT 295
Prof. Dr.-Ing. H. Opitz und Dipl.-Ing. H. Axer, Aachen
Untersuchung und Weiterentwicklung neuartiger elektrischer Bearbeitungsverfahren
1956, 42 Seiten, 27 Abb., DM 10,30

HEFT 296
Prof. Dr.-Ing. H. Opitz, Aachen
I. Untersuchungen an elektronischen Regelantrieben
II. Statische Untersuchungen zur Ausnutzung von Drehbänken
1956, 46 Seiten, 18 Abb., DM 10,40

HEFT 297
Dr. K. Schaarwächter, Düsseldorf
Die Reduktion von Siliziumtetrachlorid im Lichtbogen zur nachfolgenden Silizierung von Eisenblechen
in Vorbereitung

HEFT 298
Prof. Dr.-Ing. E. Oehler, Aachen
Untersuchung von kritischen Drehzahlen, die durch Kreiselmomente verursacht werden
1956, 50 Seiten, 35 Abb., DM 13,15

HEFT 299
Dr. J. Fassbender und W. Hoppe, Bonn
Eine photoelektrische Nachlaufeinrichtung für Analogie-Rechenmaschinen
1956, 20 Seiten, 8 Abb., DM 7,65

HEFT 300
Prof. Dr. E. Schütz und Privatdozent Dr. H. Caspers, Münster
Tierexperimentelle Untersuchungen über die Alkoholwirkungen auf Erregbarkeit und bioelektrische Spontanaktivität der Hirnrinde
1956, 44 Seiten, 6 Abb., 1 Tabelle, DM 9,55

HEFT 301
Prof. Dr. W. Weltzien, Dr. G. Cossmann und P. Diehl, Krefeld
Über die fraktionierte Füllung von Polyamiden (II)
1956, 54 Seiten, 1 Abb., 16 Tabellen, DM 11,30

HEFT 302
Prof. Dr.-Ing. W. Wegener und Dipl.-Ing. W. Zahn, Aachen
Untersuchungen von gesponnenen Garnen auf ihre Gleichmäßigkeit nach verschiedenen Meßmethoden
1957, 58 Seiten, 34 Abb., DM 15,20

HEFT 303
Prof. Dr. Ing. S. Kiesskalt, Aachen
Das Institut der Forschungsgesellschaft Verfahrenstechnik e. V. an der Technischen Hochschule Aachen
1956, 76 Seiten, 20 Abb., 3 Tabellen, DM 16,40

HEFT 304
Prof. Dr.-Ing. K. Krekeler, Düsseldorf, und Dipl.-Ing. A. Kleine-Albers, Aachen
Beitrag zur thermoelastischen Warmformbarkeit von Hart-PVC
1957, 72 Seiten, 29 Abb., DM 17,70

HEFT 305
Prof. Dr.-Ing. K. Krekeler, Düsseldorf, Dr.-Ing. H. Peukert, Aachen, und Dipl.-Ing. W. Schmitz, Siegburg
Heißgas-Schweißung von Hart-Polyvinylchlorid mit Zusatzwerkstoff
1956, 44 Seiten, 27 Abb., 5 Tabellen, DM 12,50

HEFT 306
Prof. Dr. B. Rensch, Münster
Elektrophysiologische Untersuchungen zur Analysierung der Bildung von Assoziationen und Gedächtnisspuren in Gehirn und Rückenmark
Prof. Dr. A. Loeser, Münster
Akute und chronische Giftwirkungen sauerstoffhaltiger Lösungsmittel
1956, 36 Seiten, 9 Abb., DM 8,90

HEFT 307
Privatdozent Dr. J. Juilfs, Krefeld
Vergleichende Untersuchungen zur elastischen und bleibenden Dehnung von Fasern
1956, 36 Seiten, 11 Abb., DM 8,30

HEFT 308
Privatdozent Dr. J. Juilfs, Krefeld
Zur Messung der Fadenglätte
1956, 22 Seiten, 10 Abb., 2 Tabellen, DM 8,—

HEFT 309
Prof. Dr. K. Cruse und Mitarbeiter, Clausthal-Zellerfeld
Aufbau und Arbeitsweise eines universell verwendbaren Hochfrequenz-Titrationsgerätes
1957, 48 Seiten, 29 Abb., DM 11,90

HEFT 310
Dr. P. F. Müller, Bonn
Die Integrieranlage des Rheinisch-Westfälischen Instituts für Instrumentelle Mathematik in Bonn
1956, 62 Seiten, 6 Abb., 30 Satzskizzen, DM 14,45

HEFT 311
Prof. Dr. F. Wever und Dr. M. Hempel, Düsseldorf
Dauerschwingfestigkeit von Stählen bei erhöhten Temperaturen
Teil I: Erkenntnisse aus bisherigen Dauerschwingversuchen in der Wärme
1956, 48 Seiten, 19 Abb., 2 Tabellen, DM 10,90

HEFT 312
Prof. Dr. F. Wever und Dr. M. Hempel, Düsseldorf
Dauerschwingfestigkeit von Stählen bei erhöhten Temperaturen
Teil II: Zug-Druck-Dauerschwingversuche an zwei warmfesten Stählen bei Temperaturen von 500 bis 650°
1956, 48 Seiten, 20 Abb., 3 Tabellen, DM 13,—

HEFT 313

Prof. Dr. F. Wever, Dr. W. Koch und Dipl.-Phys. H. Rohde, Düsseldorf
Änderungen des Babitus und der Gitterkonstanten des Zementits in Chromstählen bei verschiedenen Wärmebehandlungen
1956, 88 Seiten, 29 Abb., 8 Tabellen, DM 20,90

HEFT 314

Prof. Dr. F. Wever, Dr.-Ing. A. Krisch, Düsseldorf, und Dr.-Ing. H.-J. Wiester, Essen
Veränderungen im Gefügeaufbau von Chrom-Nickel-Molybdän-Stählen bei langzeitiger Beanspruchung im Zeitstandversuch bei 500°
1956, 48 Seiten, 26 Abb., 5 Tabellen, DM 11,70

HEFT 315

Prof. Dr. F. Wever und Dr.-Ing. A. Krisch, Düsseldorf
Metallkundliche Untersuchungen an Zeitstandproben
1956, 38 Seiten, 12 Abb., DM 9,15

HEFT 316

Dr. F. Keune, Aachen
Zusammenfassende Darstellung und Erweiterung des Aequivalenzsatzes für schallnahe Strömung
1956, 80 Seiten, 22 Abb., DM 17,90

HEFT 317

Dr.-Ing. J. Stelter, Aachen
Mikrobiologische Ultraschallwirkungen
1957, 106 Seiten, 41 Abb., 12 Tab., DM 23,90

HEFT 318

Dipl.-Ing. H. Kickert, Aachen
Über die Ausbreitung von Ultraschall in Luft
1957, 78 Seiten, 51 Abb., 7 Tab., DM 19,20

HEFT 319

Prof. Dr. C. Kröger, Aachen
Gemengereaktionen und Glasschmelze
1957, 118 Seiten, 53 Abb., 16 Tab., DM 26,—

HEFT 320

Dr. H.-E. Caspary, Köln
Verwendung von Szintillationszählern an Stelle von Zählrohren zur zerstörungsfreien Materialprüfung
1956, 42 Seiten, 13 Abb., 2 Tabellen, DM 10,10

HEFT 321

Prof. Dr. F. Wever, Düsseldorf, und Dr. W. Wepner, Köln
Gleichzeitige Bestimmung kleiner Kohlenstoff- und Stickstoffgehalte im α-Eisen durch Dämpfungsmessung
1956, 30 Seiten, 3 Abb., 4 Tabellen, DM 6,80

HEFT 322

Prof. Dr.-Ing. F. Bollenrath und Dipl.-Ing. W. Domke, Aachen
Eigenspannungen in vergüteten, dickwandigen Stahlzylindern nach Oberflächenhärtung mit induktiver Erwärmung
1956, 30 Seiten, 9 Abb., 2 Tabellen, DM 6,90

HEFT 323

Prof. Dr. R. Seyffert, Köln
Wege und Kosten der Distribution der Textilien, Schuh- und Lederwaren
1956, 98 Seiten, 37 Tabellen, 1 Falttaf., DM 12,—

HEFT 324

Prof. Dr.-Ing. H. Opitz, Dr.-Ing. E. Saljé und Dipl.-Ing. K. E. Schwartz, Aachen
Richtwerte für das Außenrund-Längs- und Einstechschleifen
1956, 62 Seiten, 44 Abb., 2 Tabellen, DM 13,85

HEFT 325

Prof. Dr. E. Schratz, Münster
Pharmakognostische Untersuchungen am Medizinal-Rhabarber
1957, 62 Seiten, 29 Abb., 3 Tabellen, DM 17,90

HEFT 326

Prof. Dr.-Ing. E. Essers und Mitarbeiter, Aachen
Deichselkräfte an Lastzügen
1957, 96 Seiten, 34 Abb., DM 22,10

HEFT 327

Prof. Dr.-Ing. habil. K. Krekeler und Dr.-Ing. H. Peukert, Aachen
Beitrag zur thermoelastischen Formbarkeit von Polyäthylen
1956, 56 Seiten, 49 Abb, 9 Tabellen, DM 12,80

HEFT 328

Dr. H. Maeder, Belo Horizonte
Schweißen von Temperguß
1957, 92 Seiten, 59 Abb., 42 Tabellen, DM 25,50

HEFT 329

Dipl.-Ing. A. Krüger, Karlsruhe, und Feuerwehr-Ing. R. Radusch, Dortmund
Wasserzerstäubung im Strahlrohr
1956, 86 Seiten, 21 Abb., 3 Tabellen, DM 18,65

HEFT 330

Dipl.-Physiker E. Pepping, Aachen
Die Durchflußzahl des Rechteckschlitzes in einer sehr großen Wand
1957, 54 Seiten, 21 Abb., DM 12,35

HEFT 331

Dipl.-Ing. G. Bretschneider, Ruit
Die Messung der wiederkehrenden Spannung mit Hilfe des Netzmodelles
1957, 46 Seiten, 21 Abb., 2 Tab., DM 11,20

HEFT 332

Prof. Dr.-Ing. R. Jaeckel und Dr. G. Reich, Bonn
Messung von Dampfdrucken im Gebiet unter 10^{-2} Torr
1956, 42 Seiten, 16 Abb., 2 Tabellen, DM 10,40

HEFT 333

Prof. Dipl.-Ing. W. Sturtzel und Dr.-Ing. W. Graff, Duisburg
I. Der Flachwassereinfluß auf den Form- und Reibungswiderstand von Binnenschiffen
II. Der Flachwassereinfluß auf die Nachstrom- und Sogverhältnisse bei Binnenschiffen
1956, 44 Seiten, 14 Abb., DM 9,80

HEFT 334

Prof. Dr. W. Weizel und Dr. G. Meister, Bonn
Spektralanalyse durch Messung des Interferenz-Kontrastes
1956, 42 Seiten, DM 9,80

HEFT 335

Prof. Dr. W. Weizel und H. Hornberg, Bonn
Untersuchungen der anodischen Teile einer Glimmentladung
1957, 62 Seiten, 14 Farbabb., 21 Abb., 1 Tab., DM 32,80

HEFT 336

Dr. Tung-ping Yao, Aachen
Die Viskosität metallischer Schmelzen
1957, 64 Seiten, 28 Abb., 2 Tab., DM 14,40

HEFT 337

Dr. R. Hoeppener und Dr. W. Bierther, Bonn
Tektonik und Lagestätten im Rheinischen Schiefergebirge
1957, 66 Seiten, 14 Abb., DM 16,25

HEFT 338

Prof. Dr.-Ing. W. Wegener, Aachen, und Dipl.-Ing. J. Schneider, M.-Gladbach
Die Bedeutung der Knotenart für die Herabminderung der Fadenbrüche
1957, 40 Seiten, 6 Abb., DM 11,90

HEFT 339

Prof. Dr.-Ing. W. Wegener und Dipl.-Ing. W. Zahn, Aachen
Vergleich des normalen mit verschiedenen abgekürzten Baumwollspinnverfahren in bezug auf Gleichmäßigkeit und Sortierungsstreuung der Garne
1956, 56 Seiten, 17 Abb., 17 Tabellen, DM 12,70

HEFT 340

Dipl.-Ing. W. Rohs und Dipl.-Ing. R. Otto, Bielefeld
Das Naßspinnen von Bastfasergarnen mit Spinnbadzusätzen unter Ausnutzung einer zentralen Spinnwasserversorgungsanlage
1956, 56 Seiten, 2 Abb., 6 Tabellen, DM 11,60

HEFT 341

Prof. Dr.-Ing. H. Winterhager und Dipl.-Ing. L. Werner, Aachen
Präzisions-Meßverfahren zur Bestimmung des elektrischen Leitvermögens geschmolzener Salze
1956, 44 Seiten, 19 Abb., 1 Tabelle, DM 10,60

HEFT 342

Prof. Dr.-Ing. H. Winterhager und Dipl.-Ing. W. Barthel, Aachen
Die Gewinnung von Titanschlackenkonzentraten aus eisenreichen Ilemniten
1957, 60 Seiten, 30 Abb., 6 Tab., DM 13,30

HEFT 343

Prof. Dr.-Ing. W. Petersen, Aachen, und Dipl.-Ing. S. Wawroschek, Aachen
Die zweckmäßigsten Gütebestimmungsverfahren und Brikettierungsbedingungen bei der Erzeugung von Braunkohlen-Eisenerz-Briketts
1956, 64 Seiten, 28 Abb., DM 13,95

HEFT 344

Prof. Dr.-Ing. W. Fucks, Aachen
Zur Deutung einfachster mathematischer Sprachcharakteristiken
1956, 38 Seiten, 12 Abb., DM 7,80

HEFT 345

Dipl.-Ing. G. Cerbe und Dipl.-Ing. H. Monstadt, Essen
Konvektive Trocknung mit gasbeheizter Luft und Trocknung durch Gasstrahler
1957, 46 Seiten, 16 Abb., DM 10,40

HEFT 346

Dipl.-Ing. O. Arnold, Aachen
Erfahrungen mit Kernbohrungen zur Lagerstättenuntersuchung im Erzbergbau
1957, 36 Seiten, 2 Abb., 3 Falttaf. 6 Tab., DM 8,80

HEFT 347

S. Ruff, F. Kipp, H. Hansteen und G. Müller, Bonn
Untersuchungen zur Frage der Gehörschädigungen des fliegenden Personals der Propellerflugzeuge
1957, 50 Seiten, 27 Abb., 3 Tab., DM 11,10

HEFT 348

Prof. Dr.-Ing. E. Piwowarsky und Dr.-Ing. E. G. Nickel, Aachen
Metallurgie eines hochwertigen Gußeisens mit kompakter bis kugelförmiger Graphitausbildung
1957, 54 Seiten, 27 Abb., 5 Tab., DM 13,30

HEFT 349

Dr.-Ing. W. A. Fischer, Dr.-Ing. H. Treppschuh und Dr.-Ing. K. H. Köthemann, Düsseldorf
Tiegel aus Schmelzmagnesia für Vakuuminduktionsöfen
1957, 34 Seiten, 14 Abb., DM 8,40

HEFT 350

Prof. Dr.-Ing. habil. K. Krekeler und Dr.-Ing. H. Peukert, Aachen
Das Spannungsverhalten der Kunststoffe bei der Verarbeitung
in Vorbereitung

HEFT 351

Prof. Dr.-Ing. H. Opitz, Dipl.-Ing. H. Axer und Dipl.-Ing. H. Rhode, Aachen
Zerspanbarkeit hochwarmfester und nichtrostender Stähle. Teil I
1957, 96 Seiten, 73 Abb., 2 Tab., DM 21,80

HEFT 352

Dipl.-Ing. H. Fauser, Aachen
Fahrdynamik und Batterie-Arbeitsverbrauch von Akkumulatorenlokomotiven im Untertagebetrieb
1957, 152 Seiten, 78 Abb., DM 36,10

HEFT 353

Forschungsinstitut für Rationalisierung, Aachen
Schlagwortregister zur Rationalisierung
1957, 376 Seiten, DM 56,—

HEFT 354

Dipl.-Ing. D. Wagener, Aachen
Auswirkungen neuer Gaserzeugungs-Verfahren unter Berücksichtigung der Auswirkung auf den Kokereibetrieb
in Vorbereitung

HEFT 355

Prof. Dr.-Ing. habil. K. Krekeler, Dr.-Ing. H. Peukert und Dipl.-Ing. A. Kleine-Albers, Aachen
Heißgas-Schweißungen von Weich-Polyvinylchlorid mit Zusatzwerkstoff
1957, 44 Seiten, 19 Abb., DM 11,—

HEFT 356

Dipl.-Phys. G. Gurke, Aachen
Aufbau einer Meßanlage für Untersuchungen elektrischer Gasentladung im Bereiche großer p. d.-Werte
1956, 38 Seiten, 13 Abb., DM 8,65

HEFT 357

Prof. Dr.-Ing. W. Fucks, Aachen
Mathematische Analyse der Formalstruktur von Musik
in Vorbereitung

HEFT 358

Prof. Dr. rer. nat. W. Weltzien, Dipl.-Chem. P. Ringel und Text.-Ing. H. Kirchhoff, Krefeld
Die Waschechtheit von Färbungen. Vergleichende Untersuchungen auf dem Gebiete der Echtheitsprüfung
in Vorbereitung

HEFT 359

Dr.-Ing. F. J. Meister, Düsseldorf
Veränderung der Hörschärfe, Lautheitsempfindung und Sprachaufnahme während des Arbeitsprozesses bei Lärmarbeitern
1957, 84 Seiten, 11 Abb., 40 Audiogramme, 41 Tab., DM 19,90

HEFT 360

Dr.-Ing. E. Barz, Remscheid
Fertigungsverfahren und Spannungsverlauf bei Kreissägeblättern für Holz
1957, 72 Seiten, 40 Abb., DM 17,—

HEFT 361

Dipl.-Ing. H. F. Klein, Aachen
Die nichtstationären Strömungsvorgänge und der Wärmeübergang in einem Schwingfeuergerät
1957, 84 Seiten, 34 Abb., 4 Falttafeln, DM 25,90

HEFT 362

Prof. Dr. med. G. Lehmann und Dipl.-Phys. D. Dieckmann, Dortmund
Die Wirkung mechanischer Schwingungen (0,5 bis 100 Hertz) auf den Menschen
1957, 100 Seiten, 53 Abb., 6 Tab., DM 22,50

WESTDEUTSCHER VERLAG · KÖLN UND OPLADEN

HEFT 409

Prof. Dr. phil. F. Wever, Dr. phil. W. Koch, Dr. rer. nat. Ch. Ilschner-Gensch und Dipl.-Phys. H. Rohde, Düsseldorf
Das Auftreten eines kubischen Nitrids in aluminiumlegierten Stählen
1957, 38 Seiten, 12 Abb., 3 Tabellen, DM 10,10

HEFT 410

Prof. Dr. phil. F. Wever, Prof. Dr. rer. techn. A. Kochendörfer, Dr. phil. nat. M. Hempel, Düsseldorf und Dipl.-Phys. E. Hillenhagen, Köln
Biegewechselversuche mit Flachproben aus Alpha-Eisen-Einkristallen zur Bestimmung der Wechselfestigkeit und der Gleitspuren
1957, 112 Seiten, 58 Abb., 3 Tabellen, DM 30,—

HEFT 411

Prof. Dr. W. Halbsguth und Dr. L. Sommer, Frankfurt/M.
Grundlegende Versuche zur Keimungsphysiologie von Pilzsporen
1957, 100 Seiten, 13 Abb., 32 Tabellen., DM 22,70

HEFT 412

Prof. Dr.-Ing. H. Opitz, Aachen
Kennwerte und Leistungsbedarf für Werkzeugmaschinengetriebe
in Vorbereitung

HEFT 413

Prof. Dr.-Ing. H. Opitz, Aachen
Richtwerte für das Fräsen von unlegierten und legierten Baustählen mit Hartmetall, Teil II
1957, 56 Seiten, 35 Abb., 4 Tabellen, DM 14,40

HEFT 414

Dr. med. H. K. Parchwitz und Dr. med. C. Winkler, Bonn
Speicherung organischer Farbstoffe und künstlich radioaktiver Substanzen in Geschwülsten
1958, 46 Seiten, 14 Abb., DM 13,35

HEFT 415

Prof. Dr.-Ing. W. Paul, Dr. rer. nat. O. Osberghaus und Dipl.-Phys. E. Fischer, Bonn
Ein Ionenkäfig
in Vorbereitung

HEFT 416

Oberreg.-Gewerberat Dipl.-Ing. G. Steinicke, Hamburg
Die Wirkung von Lärm auf den Schlaf des Menschen
1957, 46 Seiten, 14 Abb., 8 Tab., DM 11,60

HEFT 417

Prof. Dr.-Ing. habil. E. Rößger, Berlin
I. Teil: Die Entwicklung des Weltluftverkehrs, Ergänzungsbericht 1954
II. Teil: Die zivile Luftfahrtpolitik der USA
1957, 230 Seiten, 6 Abb., 83 Tab., DM 48,—

HEFT 418

O. Gdaniec, Mülheim/Ruhr
Über die Randlochkarte als Hilfsmittel in der Dokumentation
1957, 44 Seiten, 15 Abb., 8 Tab., DM 10,10

HEFT 419

Dipl.-Ing. K. Brooks
Die Messungen der Reflexionseigenschaften künstlicher und natürlicher Materialien mit quasi-optischen Methoden bei Mikrowellen
1957, 78 Seiten, 52 Abb., DM 20,35

HEFT 420

Dipl.-Ing. M. Vogel, Oberpaffenhofen
Das Spektralgebiet zwischen dem langwelligen Ultrarot und Mikrowellen
1957, 66 Seiten, 2 Abb., DM 13,50

HEFT 421

ORR Dipl.-Volkswirt Dr. H. Rogmann, Düsseldorf
Die Erforschung der Verkehrskonjunktur und der langzeitigen Dynamik in der Verkehrswirtschaft (Zusammenfassung der eingegangenen Stellungnahmen und Vorschläge)
1957, 168 Seiten, 3 Falttafeln, DM 26,60

HEFT 422

Prof. Dr.-Ing. K. Leist und Dipl.-Ing. W. Dettmering, Aachen
Prüfstände zur Messung der Druckverteilung an rotierenden Schaufeln
in Vorbereitung

HEFT 423

Prof. Dr.-Ing. K. Leist und Dr.-Ing. O. Thun, Aachen
Strömungsmessungen über Brennkammer-Wirkungsgrade
in Vorbereitung

HEFT 424

Prof. Dr.-Ing. K. Leist und Dipl.-Ing. I. Weber, Aachen
Spannungsoptische Untersuchungen von rotierenden Scheiben mit exzentrischen Bohrungen
in Vorbereitung

HEFT 425

Dipl.-Ing. H. Lübke, Hamburg
Gasturbinen und Strahlantriebe für Hubschrauber
in Vorbereitung

HEFT 426

Prof. Dr.-Ing. H. Opitz und Dipl.-Ing. W. Scholz, Aachen
Untersuchungen über den Räumvorgang
1957, 74 Seiten, 36 Abb., 7 Tab., DM 16,55

HEFT 427

Dr.-Ing. J. Endres, München
Kinematische Untersuchung eines Zweitakt-Hochleistungs-Dieseltriebwerks mit achsparallelen Zylindern und gegenläufigen Kolben
in Vorbereitung

HEFT 428

Dr.-Ing. J. Endres, München
Untersuchungen der Beschleunigungsverhältnisse eines Zweitakt-Hochleistungs-Dieseltriebwerks mit achsparallelen Zylindern und gegenläufigen Kolben
in Vorbereitung

HEFT 429

Prof. Dr. O. Kuhn, Köln
Selektive Wirkung verschiedener Stoffgruppen auf tierische Gewebe
1957, 54 Seiten, 32 Abb., DM 13,15

HEFT 430

Prof. Dr. G. Garbotz, Aachen und Dr.-Ing. G. Dress, Cadiz
Untersuchungen über das Kräftespiel an Flachbagger-Schneidwerkzeugen in Mittelsand und schwach bindigem, sandigem Schluff unter besonderer Berücksichtigung der Planierschilde und ebenen Schürfkübelschneiden
in Vorbereitung

HEFT 431

Prof. Dr.-Ing. H. Winterhager, Dr.-Ing. R. Kammel und Dipl.-Ing. W. Barthel, Aachen
Fortschritte auf dem Gebiet der Titanmetallurgie 1950—1955
1957, 160 Seiten, DM 34,50

HEFT 432

Dipl.-Phys. R. Werz, Bonn
Die Entwicklung einer Synchrozyklotron-Ionenquelle
in Vorbereitung

HEFT 433

Dr.-Ing. G. Satlow, Aachen
Über einige physikalische und chemische Eigenschaften der Wolle von der gewaschenen Wolle bis zum Kammzug
1957, 72 Seiten, 15 Abb., 19 Tab., DM 15,25

HEFT 434

Dipl.-Ing. W. Rohs und Dr. J. Geurten, Bielefeld
Schlichten für Baumwollgarne
1957, 108 Seiten, 3 Abb., zahlreiche Tab., DM 23,70

HEFT 435

Dipl.-Ing. W. Rohs und Dipl.-Ing. L. Steinmetz, Bielefeld
Die Masseungleichmäßigkeit von Flachstreckenbändern in Abhängigkeit von Verzug und Dopplung
1957, 42 Seiten, 4 Abb., 2 Tabellen, DM 9,90

HEFT 436

Priv.-Doz. Dr. habil. J. Juilfs, Krefeld
Zur Bestimmung der Reißlast (Zugfestigkeit) von Fasern, Fäden und Garnen
in Vorbereitung

HEFT 437

Prof. Dr. G. Schmölders und Dr. I. Meyer, Köln
Geldwertbewußtsein und Münzpolitik. — Das sogenannte Gresham'sche Gesetz im Lichte der ökonomischen Verhaltensforschung
1957, 92 Seiten, DM 20,30

HEFT 438

Prof. Dr.-Ing. H. Winterhager und Dr.-Ing. L. Werner, Aachen
Bestimmung des elektrischen Leitvermögens geschmolzener Fluoride
1957, 52 Seiten, 18 Abb., 10 Tab., DM 11,90

HEFT 439

Prof. Dr. phil. H. Lange, Köln und Dr. rer. nat. R. Kohlhaas, Neuß/Rh.
Anwendung der thermomagnetischen Analyse zum Studium des Umwandlungsverhaltens von Eisenwerkstoffen im Temperaturbereich von —150° C bis +1500° C
in Vorbereitung

HEFT 440

Dr.-Ing. H. Wolf, Aachen
Gekoppelte Hochfrequenzleitungen als Richtkoppler
in Vorbereitung

HEFT 441

Dr. phil. habil. P. Hölemann und Ing. R. Hasselmann, Düsseldorf
Messung des Temperatur- und Druckverlaufes beim Füllen und Entspannen von Dissousgas
1957, 52 Seiten, 6 Abb., 7 Tab., DM 11,25

HEFT 442

Dipl.-Ing. W. Rohs, Text.-Ing. Griese und Text.-Ing. W. Lauer, Bielefeld
Die Auswirkungen der Trocknungsart naßgesponnener Leinengarne auf deren Verarbeitungswirkungsgrad sowie auf die Festigkeits- und Dehnungseigenschaften der Garne und Gewebe
1957, 28 Seiten, 2 Abb., 3 Tab., DM 6,50

HEFT 443

Prof. Dr. phil. W. Weizel und K. Kluth, Bonn
Über die Struktur der positiven Gleitentladungen
1957, 44 Seiten, 30 Abb., DM 12,20

HEFT 444

Dr.-Ing. W. Wilhelm, Aachen
Einfluß der Saugrohrabmessung, der Einlaßsteuerlage und der Größe des Kurbelkastenvolumens auf den Ladungswechsel eines Einzylinder-Zweitakt-Dieselmotors
in Vorbereitung

HEFT 445

Dr.-Ing. E. Barz, Remscheid
Fertigungs- und Prüfverfahren für Feilen
vergriffen

HEFT 446

Dr. med. G. Schäfer
Glutationsstoffwechsel und Sauerstoffmangel
1957, 28 Seiten, 5 Tab., DM 6,40

HEFT 447

Prof. Dr.-Ing. F. Bollenrath, Aachen, Dr.-Ing. H. Füllenbach, Seesen/Harz und Dipl.-Ing. J. Schumacher, Neubeckum/Westf.
Entwicklung rationell arbeitender Spritzkabinen
in Vorbereitung

HEFT 448

Dr. med. C. Winkler, Bonn
Ein Koinzidenz-Szintillometer zum Zwecke der Schilddrüsenfunktionsdiagnostik und der Tumordiagnostik
1957, 32 Seiten, 12 Abb., DM 8,35

HEFT 449

Priv.-Doz. Oberbaurat Dr.-Ing. W. Meyer zur Capellen und Mitarbeiter, Aachen
Bewegungsverhältnisse an der geschränkten Schubkurbel
in Vorbereitung

HEFT 450

Prof. Dr.-Ing. W. Paul, Bonn, und Dipl.-Phys. H. P. Reinhard, M.-Gladbach
Das elektrische Massenfilter als Isotopentrenner
in Vorbereitung

HEFT 451

Prof. Dr. G. Schmölders, Köln
Rationalisierung und Steuersystem
1957, 78 Seiten, DM 17,15

HEFT 452

Prof. Dr. rer. nat. W. Weltzien und Dr. phil. K. Windeck, Krefeld
Veränderungen an Fasern bei der Bleiche mit Natriumchlorid und über einige Vergilbungserscheinungen
1957, 64 Seiten, 3 Abb., 13 Tabellen, DM 14,85

HEFT 453

Forschungsinstitut der Feuerfest-Industrie, Bonn
Die Arbeiten der technisch-wissenschaftlichen Kommission der PRE (Vereinigung der europäischen Feuerfest-Industrie)
1957, 62 Seiten, 9 Abb., 18 Tabellen, DM 14,75

HEFT 454

Dr.-Ing. W. Piepenburg, Dipl.-Ing. B. Bühling und Bauing. J. Behnke, Köln
Haftfestigkeit der Putzmörtel
in Vorbereitung

HEFT 455

Dr.-Ing. W. A. Fischer, Dr.-Ing. H. Treppschuh und Dipl.-Phys. K. H. Köthemann, Düsseldorf

Erschmelzung von Reinsteisen nach dem Kohlenstoffproduktionsverfahren und Kerbschlagzähigkeit-Temperatur-Kurven dieses Eisens

1957, 38 Seiten, 7 Abb., 6 Tabellen, DM 9,35

HEFT 456

Priv.-Doz. Dir. Dr.-Ing. K. Bungardt, Essen

Zeitstandversuche an austenitischen Stählen und Legierungen

in Vorbereitung

HEFT 457

Prof. Dr. phil. F. Wever, Düsseldorf und Dr. phil. W. Wepner, Köln

Dämpfungsmessungen an schwach gereckten Eisen-Kohlenstoff-Legierungen

1957, 34 Seiten, 7 Abb., 3 Tab., DM 8,40

HEFT 458

Prof. Dr.-Ing. H. Schenck und Dr.-Ing. E. Schmidtmann, Aachen

Das Frischen von Thomas-Roheisen mit Sauerstoff-Wasserdampf-Gemischen und die Eigenschaften der damit erblasenen Stähle

1957, 62 Seiten, 56 Abb., DM 16,35

HEFT 459

Prof. Dr. phil. F. Wever, Dr. phil. O. Krisement und Hanna Schädler, Düsseldorf

Ein isothermes Mikrokalorimeter zur kinetischen Messung von Umwandlungs- und Ausscheidungsvorgängen in Legierungen

1957, 44 Seiten, 14 Abb., DM 10,75

HEFT 460

Prof. Dr. phil. F. Wever und Dr. rer. nat. B. Ilschner, Düsseldorf

Ein isothermes Lösungskalorimeter zur Bestimmung thermo-dynamischer Zustandsgrößen von Legierungen

1957, 44 Seiten, 7 Abb., 4 Tabellen, DM 10,40

HEFT 461

Prof. Dr.-Ing. habil. E. Piwowarski †, Prof. Dr.-Ing. W. Patterson und Dipl.-Ing. F. W. Iske, Aachen

Verbesserung der Zähigkeitseigenschaften von Bessemer-Stahlguß

1958, 54 Seiten, 15 Abb., 16 Tabellen, DM 12,75

HEFT 462

Prof. Dr. rer. nat. J. Weissinger

Zur Aerodynamik des Ringflügels — II. Die Ruderwirkung

Zur Aerodynamik des Ringflügels — III. Der Einfluß der Profildicken

1957, 82 Seiten, 7 Abb., 6 Tabellen, DM 18,20

HEFT 463

Dipl.-Ing. G. Plüss, Essen-Steele

Die Aufteilung der verbrennlichen Bestandteile in Verbrennungsgasen auf CO und H_2 bei Verbrennung mit Luftunterschuß und bei Luftüberschuß und künstlicher Flammenkühlung

1957, 34 Seiten, 7 Abb., 2 Tabellen, DM 8,40

HEFT 464

Dr. phil. habil. P. Hölemann und Ing. R. Hasselmann, Dortmund

Die Möglichkeit der Zündung von Acetylen in Rohrleitungen beim Ausbleiben mit Stickstoff

1957, 38 Seiten, 6 Abb., 6 Tabellen, DM 9,20

HEFT 465

Dr.-Ing. R. Koch, Köln

Amerikanische Fertigungsunterlagen und ihre Werkstattreifmachung für deutsche Betriebe

in Vorbereitung

HEFT 466

Prof. Dr.-Ing. J. Mathieu, Aachen

Überbetrieblicher Verfahrensvergleich

in Vorbereitung

HEFT 467

Prof. Dr. Dr. h. c. E. Klenk und Dr. phil. H. Faillard, Köln

Neue Erkenntnisse über den Mechanismus der Zellinfektion durch Influenzavirus

Die Bedeutung der Neuraminsäure als Zellreceptor für das Influenzavirus

1957, 52 Seiten, 5 Abb., DM 14,40

HEFT 468

Prof. Dr. med. Dr. med. dent. G. Korkhaus und Dr. med. R. Alfter, Bonn

Die Vakuumwurzelbehandlung

in Vorbereitung

HEFT 469

Dr. sc. agr. F. Riemann und Dipl.-Volksw. R. Hengstenberg, Göttingen

Zur Industrialisierung kleinbäuerlicher Räume

1957, 138 Seiten, 4 Karten, 23 Tab., DM 27,—

HEFT 470

O. Wehrmann

Hitzdrahtmessungen in einer aufgespaltenen Kármánschen Wirbelstraße

1957, 42 Seiten, 14 Abb., 4 Tabellen, DM 10,90

HEFT 471

Prof. Dr. phil. habil. A. Naumann, Dr.-Ing. A. Heyser und Dr. phil. Dipl.-Ing. W. Trommsdorf, Aachen

Der Überdruck-Windkanal in Aachen

1957, 44 Seiten, 20 Abb., DM 11,—

HEFT 472

Dipl.-Ing. A. Freitag, Essen-Steele

Verhalten von Katalytstrahlern bei Betrieb mit Luftvormischung zum Gas und der Verbrennung von Luft gegen eine Gasatmosphäre

in Vorbereitung

HEFT 473

Prof. Dr. phil. F. Wever, Dr.-Ing. W. Lueg und Dipl.-Ing. P. Funke jr. Düsseldorf

Versuche an einer hydraulischen 25 t-Stangenziehbank

1957, 34 Seiten, 11 Abb., DM 8,95

HEFT 474

Dr.-Ing. R. Ibing und Dipl.-Ing. G. Meier, Hannover

Eichung und Entwicklung von Staubentnahmesonden

in Vorbereitung

HEFT 475

Prof. Dipl.-Ing. W. Sturtzel, Obering. Helm und Dipl.-Ing. Heuser, Duisburg

Systematische Ruderversuche mit einem Schleppkahn und einem Binnenselbstfahrer vom Typ „Gustav Koenigs"

in Vorbereitung

HEFT 476

Prof. Dipl.-Ing. W. Sturtzel und Dipl.-Ing. Schmidt-Stiebitz, Duisburg

Einfluß der Hinterschiffsform auf das Manövrieren von Schiffen auf flachem Wasser

in Vorbereitung

HEFT 477

Dr. K. Utermann, Dortmund

Freizeitprobleme bei der männlichen Jugend einer Zechengemeinde

1957, 56 Seiten, DM 12,75

HEFT 478

Prof. Dr.-Ing. habil. W. Petersen und Dr.-Ing. S. Wawroschek, Aachen

Brikettierungsversuche zur Erzeugung von Möllerbriketts unter Verwendung von Braunkohle

1957, 102 Seiten, 42 Abb., 6 Tabellen, DM 24,25

HEFT 479

Prof. Dr.-Ing. W. Wegener, Aachen, und Dipl.-Ing. H. Fourné, Bochum

Ursachen des Überschreitens der Toleranzgrenze nach oben oder unten (Meter pro Gramm) an der Strecke

1958, 60 Seiten, 17 Abb., 3 Tabellen, DM 14,60

HEFT 480

Dr. phil. K. Brücker-Steinkuhl, Düsseldorf

Anwendung mathematisch-statistischer Verfahren bei der Fabrikationsüberwachung

in Vorbereitung

HEFT 481

Oberbaurat Dr.-Ing. W. Meyer zur Capellen, Aachen

Fünf- und sechspunktige Geradführung in Sonderlagen des ebenen Gelenkvierecks

in Vorbereitung

HEFT 482

Dipl.-Ing. R. Pels-Leusden und Dr. K. Bergmann, Essen

Die Frostbeständigkeit von Ziegeln; Einflüsse der Materialzusammensetzung und des Brandes

in Vorbereitung

HEFT 483

Prof. Dr.-Ing. habil. F. A. F. Schmidt, Aachen

Gemischbildungs-, Selbstzündungs- und Verbrennungsvorgänge als Grundlage für Entwicklungsarbeiten an Gasturbinenbrennkammern

in Vorbereitung

HEFT 484

Prof. Dr. habil. H. E. Schwiete und Dr. G. Schwiete, Aachen

Beitrag zur Struktur des Montmorillonit

in Vorbereitung

HEFT 485

Prof. Dr. phil. E. Jenckel, Aachen, Dr. H. Wilsing, Dormagen, Dr. H. Dörffurt, Wesseling/Bez. Köln und Dipl.-Phys. H. Rinkens, Eschweiler

Kristallisation und Hochpolymeren

in Vorbereitung

HEFT 486

Doz. Dr. med. E. Lerche und Dr. med. J. Schulze, Aachen

Hörermüdung und Adaptation im Tierexperiment

in Vorbereitung

HEFT 487

Prof. Dipl.-Ing. W. Blume, Duisburg

Festigkeitseigenschaften kombinierter Leichtbaustoffe im Hinblick auf die Verkehrstechnik, insbesondere des Flugzeugbaus

in Vorbereitung

HEFT 488

Prof. Dr. habil. H. E. Schwiete und Dipl.-Chem. H. Westmark

Beitrag zur Kennzeichnung der Texturen von Schamottesteinen

in Vorbereitung

HEFT 489

Dipl.-Math. K. H. Müller

Strenge Lösungen der Navier-Stokes-Gleichung für rotationssymmetrische Strömungen

1957, 64 Seiten, 23 Abb., DM 14,85

HEFT 490

Hauptstelle für Staub- und Silikosebekämpfung des Steinkohlenbergbauvereins, Essen-Rüttenscheid

Zur Staub- und Silikosebekämpfung im Steinkohlenbergbau

in Vorbereitung

HEFT 491

Prof. Dr. Fr. Lotze und K. Kötter, Münster

Chloridgehalte des oberen Emsgebietes und ihre Beziehungen zur Hydrogeologie

in Vorbereitung

HEFT 492

Prof.-Dr. phil. J. Meixner und B. Manz, Aachen

Zur Theorie der irreversiblen Prozesse in α-Eisen

in Vorbereitung

HEFT 493

Prof. Dr. phil. habil. A. Naumann und Dipl.-Ing. H. Pfeiffer, Aachen

Versuche an Wirbelstraßen hinter Zylindern bei hohen Geschwindigkeiten

in Vorbereitung

HEFT 494

Dipl.-Ing. W. Rohs und Text.-Ing. Griese, Bielefeld

Entwicklung und Erprobung eines verbesserten elektrischen Kettfadenwächtergeschirrs für die Leinen- und Halbleinenweberei

1957, 56 Seiten, 9 Abb., 11 Tabellen, DM 13,—

HEFT 495

Prof. Dr. phil. E. Asmus und Dr. rer. nat. H.-F. Kurandt, Berlin

Einige analytische Anwendungen der Zincke-Königschen Reaktion

in Vorbereitung

HEFT 496

Dipl.-Chem. P. Vogel, Krefeld

Färberische Eigenschaften von zur Herstellung von Verdickungen in der Stoffdruckerei bestimmten Sorten

1957, 38 Seiten, 3 Abb., 3 Tabellen, DM 9,30

HEFT 497

Oberarzt Dr. med. G. Mußgnug, Bottrop

Die Knochenveränderungen und der Knochenstoffwechsel beim Sudeck-Syndrom

1958, 58 Seiten, 18 Abb., DM 13,85

HEFT 498

Prof. Dr.-Ing. H. Zahn und Dr. rer. nat. W. Gerstner, Aachen

Herstellung säurefester technischer Gewebe

1957, 40 Seiten, 8 Tabellen, DM 9,65

HEFT 499

Priv.-Doz. Dr. J. Juilfs, Krefeld

Die Bestimmung des Wasserrückhaltevermögens (bzw. des Quellwertes) von Fasern

in Vorbereitung

WESTDEUTSCHER VERLAG · KÖLN UND OPLADEN

HEFT 500
Priv.-Doz. Dr. J. Juilfs, Krefeld
Vergleichende Untersuchungen am Schopper-Scheuer-prüfgerät
in Vorbereitung

HEFT 501
Dipl.-Ing. W. Rohs und Dr. J. Geurten, Bielefeld
Untersuchungen in der Leinengarnbleiche
in Vorbereitung

HEFT 502
Prof. Dr. M. Diem und Dr. R. Trappenberg, Karlsruhe
Berechnung der Ausbreitung von Staub und Gas
1957, 200 Seiten, mit zahlreichen Diagr., DM 37,30

HEFT 503
Dr. rer. nat. J. Faßbender, Bonn
Untersuchungen über die Eigenschaften von Cadmiumsulfid-Sandwich-Zellen
1957, 36 Seiten, 8 Abb., DM 8,80

HEFT 504
Prof. Dr. phil. F. Wever, Dr. phil. W. Wink und Dr. rer. nat. W. Jellinghaus, Düsseldorf
Versuchsanordnung zur Messung der Suszeptibilität paramagnetischer Stoffe und Meßergebnisse an Nickel-Chrom- und Kobalt-Nickel-Chrom-Werkstoffen
in Vorbereitung

HEFT 505
Prof. Dr.-Ing. F. A. F. Schmidt und Dipl.-Ing. H. Heitland, Aachen
Einfluß des Selbstzündungsverhaltens der Kraftstoffe auf den Verbrennungsablauf, Wirkungsgrad und Druckverlust von Hochleistungsbrennkammern
in Vorbereitung

HEFT 506
Prof. Dr.-Ing. W. Meyer zur Capellen, Aachen
Der Flächeninhalt von Koppelkurven. — Ein Beitrag zu ihrem Formenwandel
in Vorbereitung

HEFT 507
Prof. Dr. H. Kaiser, Dr. G. Bergmann und Dr. G. Gresze, Dortmund
Kartei zur Dokumentation in der Molekülspektroskopie
in Vorbereitung

HEFT 508
Dr. H. Schmidt-Ries, Krefeld
Limnologische Untersuchungen des Rheinstromes I (Hydrobiologische und physiographische Untersuchungen)
in Vorbereitung

HEFT 509
Dr. Schmidt-Ries, Krefeld
Limnologische Untersuchungen des Rheinstromes I (Tabellenwerk)
in Vorbereitung

HEFT 510
Prof. Dr. rer. nat. W. Groth und Dr.-Ing. K. Bayerle, Bonn
Anreicherung der Uranisotope nach dem Gaszentrifugenverfahren
in Vorbereitung

HEFT 511
H. Wahl, G. Kantenwein und W. Schäfer, Essen
Gesteinsbohr-Modellversuche zur Frage des Drehbohrens, Schlagbohrens und Drehschlagbohrens
in Vorbereitung

HEFT 512
Prof. Dr. H. Strassl, Bonn
Azimut-Monogramme für alle Stundenwinkel und Deklinationen im Bereich der geographischen Breiten von —80° bis +80°
in Vorbereitung

HEFT 513
Prof. Dr. W. Schmitz und Dr. rer. F. Schmitt, Mülheim/Ruhr
Die Verwendung des Magnetbandgerätes zur Speicherung des Kurvenverlaufs elektrischer Ströme
in Vorbereitung

HEFT 514
Dr. rer. nat. M.-E. Meffert, Essen
Die Kultur von Scenedesmus obliquus in Abwasser
1957, 46 Seiten, 7 Abb., 7 Tabellen, DM 10,85

HEFT 515
Prof. Dr. habil. H. E. Schwiete und Dr.-Ing. Chr. Hummel, Aachen
Thermochemische Untersuchungen im System SiO_2 und $Na_2O—SiO_2$
in Vorbereitung

HEFT 516
Prof. Dr.-Ing. H. Müller, Dipl.-Ing. F. Reinke und Dipl.-Ing. W. Sorgenicht, Essen
Gesamtstrahlungsmessungen der Temperaturstrahlung
in Vorbereitung

HEFT 517
Prof. Dr. med. G. Lehmann und Dr. med. J. Meyer-Delius, Dortmund
Gefäßreaktionen der Körperperipherie bei Schalleinwirkung
in Vorbereitung

HEFT 518
Dr.-Ing. H. Scheffler, Dortmund
Funktionelle Zusammenhänge der dynamischen Einflußgrößen beim handgeführten Druckluft-Abbauhammer und ihre Berücksichtigung für die Konstruktion rückstoßarmer Hämmer
in Vorbereitung

HEFT 519
Prof. Dr. phil. F. Wever, Dr. phil. W. Koch und Dr. phil. S. Eckhard, Düsseldorf
Die spektrographische Bestimmung der Spurenelemente in Stahl ohne vorherige Abbrennung
in Vorbereitung

HEFT 520
Prof. Dr.-Ing. H. Opitz, Dipl.-Ing. H. Obrig und Dipl.-Ing. P. Kips, Aachen
Untersuchung neuartiger elektrischer Bearbeitungsverfahren
in Vorbereitung

HEFT 521
Prof. Dr.-Ing. H. Opitz und Dipl.-Ing. K. E. Schwartz, Aachen
Das Abrichten von Schleifscheiben mit Diamanten
in Vorbereitung

HEFT 522
J. Lorentz und K. Brocks
Elektrische Meßverfahren in der Geodäsie
in Vorbereitung

HEFT 523
K. Eberts
Entwicklungen einiger Meßverfahren und einer Frequenz- und amplitudenstabilisierten Meßeinrichtung zur gleichzeitigen Bestimmung der komplexen Dielektrizitäts- und Permeabilitätskonstante von festen und flüssigen Materialien im rechteckigen Hohlleiter und im freien Raum bei Frequenzen von 9200 und 33000 MHz
in Vorbereitung

HEFT 524
Dr. rer. nat. S. Lockau, Emlichheim
Versuche zur Gewinnung von Kartoffeleiweiß
in Vorbereitung

HEFT 525
Prof. Dr. Dr. h.c. H. P. Kaufmann und Dr. F. Weghorst, Münster
Beiträge zur Chemie und Technologie der Fetthärtung I
in Vorbereitung

HEFT 526
Dr. phil. habil. P. Hölemann und Ing. R. Hasselmann, Dortmund
Einfluß der Oberflächenbeschaffenheit der Wandung auf den Ablauf von Azetylenexplosionen
in Vorbereitung

HEFT 527
Dr. rer. nat. K. G. Müller, Hanau/W.
Wärmeübertragung auf eine Flugstaubströmung im senkrechten Rohr sowie auf eine durchströmte Schüttgutschicht
in Vorbereitung

HEFT 528
Dr. P. Ney und Dr. F. Schwarz, Köln
Physikochemische Grundlagen der Bildsamkeit von Kalken unter Einbeziehung des Begriffs der aktiven Oberfläche
Kristallchemische Betrachtung der Bildsamkeit
in Vorbereitung

HEFT 529
Dr. phil. G. Riedel, Dortmund
Messung und Regelung des Klimazustandes durch eine die Erträglichkeit für den Menschen anzeigende Klimasonde
in Vorbereitung

HEFT 530
Prof. Dr. med. O. Graf, Dortmund
Nervöse Belastung im Betrieb — I. Teil: Nachtarbeit und nervöse Belastung
in Vorbereitung

HEFT 531
Prof. Dr.-Ing. habil. K. Krekeler, Dipl.-Ing. H. Verhoeven und Dipl.-Ing. H. Ernenputsch, Aachen
Autogenes Entspannen bei niedrigen Temperaturen
in Vorbereitung

HEFT 532
Prof. Dr.-Ing. habil. K. Krekeler, Dipl.-Ing. H. Verhoeven und Dipl.-Ing. W. Krieweth, Aachen
Schutzgasschweißen mit kontinuierlich abschmelzender Elektrode von niedriglegierten Kohlenstoffstählen (Sigma-Schweißen)
in Vorbereitung

HEFT 533
Prof. Dr.-Ing. H. Opitz und Dipl.-Ing. W. Hölken, Aachen
Untersuchung von Ratterschwingungen an Drehbänken
in Vorbereitung

HEFT 534
Oberbergamtsdirektor H. Sanders, Dortmund
Seismische Forschungsarbeiten im Ostteil des Grubenfeldes König Ludwig
in Vorbereitung

HEFT 535
Dr.-Ing. J. Lennertz, Köln
Einfluß des Ausbaugrades und Benutzungsgrades nachrichtentechnischer Einrichtungen auf die Gesamtwirtschaft
in Vorbereitung

HEFT 536
Dr. rer. nat. C. W. Czernin-Chudenitz, Krefeld
Limnologische Untersuchungen des Rheinstromes. — Quantitative Phytoplanktonuntersuchungen
in Vorbereitung

HEFT 537
Dr.-Ing. N. Gössl, Frankfurt/M.
Probleme der Zugförderung im Zusammenhang mit der Ausnutzung der Atom-Energie
in Vorbereitung

HEFT 538
Prof. Dr. K. Hinsberg, Düsseldorf
Reaktion zur Frühdiagnose von Krebserkrankungen
in Vorbereitung

HEFT 539
Prof. Dr. L. v. Ubisch, Norwegen
Die philogenetischen Symmetrieveränderungen bei den Seeigeln
in Vorbereitung

HEFT 540
Prof. Dr. rer. nat. H. Krebs, Bonn
Die katalytische Aktivierung des Schwefels
in Vorbereitung

HEFT 541
Prof. Dr. O. Schmitz-DuMont, Bonn
Reaktionen in flüssigem Ammoniak zur Gewinnung von 1. Titanylamid, 2. Oxykobalt (III)-amiden, 3. Ammonobasischen Kobalt (III)-benzylaten
in Vorbereitung

HEFT 542
Dr. phil. nat. G. Zapf, Schwelm
Entwicklung eines Verfahrens zur Herstellung von Formteilen aus Sintermessing
in Vorbereitung

HEFT 543
Prof. Dr. phil. habil. H. E. Schwiete, Dr. phil. H. Müller-Hesse und Dipl.-Ing. G. Gelsdorf, Aachen
Einlagerungsversuche an synthetischem Mullit. Teil II
in Vorbereitung

HEFT 544
Prof. Dr. phil. habil. H. E. Schwiete, Dr.-Ing. A. K. Bose und Dr. phil. H. Müller-Hesse, Aachen
Die Schmelzphase in Schamottesteinen. — Teil II
in Vorbereitung

HEFT 545
Prof. Dr. phil. habil. H. E. Schwiete, Dr. rer. nat. G. Ziegler und Dipl.-Ing. Ch. Kliesch, Aachen
Thermochemische Untersuchungen über die Dehydration des Montmorillonits
in Vorbereitung

HEFT 546
Prof. Dr.-Ing. K. Leist und K. Graf, Aachen
Vergleich von Gleichdruck- und Verpuffungsgasturbinen
in Vorbereitung

HEFT 547
Prof. Dr.-Ing. K. Leist, K. Graf und D. Stojek, Aachen
Das betriebliche Verhalten von Gasturbinen-Fahrzeugen
in Vorbereitung

WESTDEUTSCHER VERLAG · KÖLN UND OPLADEN

HEFT 548

Prof. Dr.-Ing. K. Leist und J. Weber, Aachen

Spannungsoptische Untersuchungen von Turbinenscheiben mit angefrästen und eingesetzten Schaufeln

in Vorbereitung

HEFT 549

Dr.-Ing. R. Merten, Duisburg

Resonanzanpassung bei einem Tiefpaß

in Vorbereitung

HEFT 550

Dr. H. Stephan, Bonn

Elektrisches Standhöhenmeßgerät für Flüssigkeiten

in Vorbereitung

HEFT 551

Prof. Dr. phil. W. Weizel und Dipl.-Phys. B. Brandt, Bonn

Betriebsbedingungen einer stromstarken Glimmentladung

in Vorbereitung

HEFT 552

Dr.-Ing. G. Leiber und Dipl.-Ing. D. Schauwinhold, Duisburg-Hamborn

Versuche zur Erzeugung halbberuhigten Stahles

in Vorbereitung

HEFT 553

Prof. Dr. rer. pol. G. Garbotz und Dipl.-Ing. J. Theiner, Aachen

Untersuchungen der Walzverdichtungsvorgänge auf Lößlehm, Kies und Schotter

in Vorbereitung

HEFT 554

Prof. Dr.-Ing. H. Müller, Essen

Untersuchung von Elektrowärmegeräten für Laienbedienung hinsichtlich Sicherheit und Gebrauchsfähigkeit. — Teil II: Temperaturen an und in schmiegsamen Elektrogeräten

in Vorbereitung

HEFT 555

Prof. Dr. med. H. Elbel und Dipl.-Phys. K. Sellier, Bonn

Der Nachweis kleinster CO-Mengen in Körperflüssigkeiten

in Vorbereitung

HEFT 556

Prof. Dr. A. Gütgemann und Dr. med. G. Karcher, Bonn

Klinische und experimentelle Untersuchungen mit Hilfe einer künstlichen Niere

in Vorbereitung

HEFT 557

Dr.-Ing. H. Schiffers, Dipl.-Ing. D. Ammann, Dipl.-Ing. E. Brugger und R. Dicke, Aachen

Härtbarkeit von Gußeisen mit Lamellen- und Kugelgraphit in Abhängigkeit von Zusammensetzung und Gefüge

in Vorbereitung

HEFT 558

Dr. phil. C. A. Roos, Aachen

Menschlich bedingte Fehlleistungen im Betrieb und Möglichkeiten ihrer Verringerung

in Vorbereitung

HEFT 559

Prof. Dr. H. E. Schwiete und Dipl.-Chem. R. Gauglitz, Aachen

Die Verflüssigung von Montmorillonitschlämmen

in Vorbereitung

HEFT 560

Prof. Dr. med. J. Vonkennel und Dr. G. Froitzheim, Köln

Zur Prüfung silikonhaltiger Hautschutzsalben

in Vorbereitung

HEFT 561

Prof. Dipl.-Ing. W. Sturtzel und Dr.-Ing. Schmidt-Stiebitz, Duisburg

Verbesserung des Wirkungsgrades von Düsenpropellern durch zusätzlich angeordnete Mischdüsen

in Vorbereitung

HEFT 562

Prof. Dr.-Ing. H. Schenck, Prof. Dr. phil. habil N. G. Schmahl und Dr.-Ing. G. Funke, Aachen

Die Reduzierbarkeit von Eisenerzen

in Vorbereitung

HEFT 563

Dr. D. v. Oppen, Dortmund

Beiträge zur Soziologie der Gemeinde im Ruhrgebiet.— II. Familien in ihrer Umwelt

in Vorbereitung

HEFT 565

Dr. K. Hahn und Dr. R. Mackensen, Dortmund

Beiträge zur Soziologie der Gemeinde im Ruhrgebiet. — IV. Die kommunale Neuordnung des Ruhrgebietes, dargestellt am Beispiel Dortmunds

in Vorbereitung

HEFT 566

Dr. H. Klages, Dortmund

Der Nachbarschaftsgedanke und die nachbarliche Wirklichkeit in der Großstadt

in Vorbereitung

WESTDEUTSCHER VERLAG · KÖLN UND OPLADEN

GPSR Compliance

The European Union's (EU) General Product Safety Regulation (GPSR) is a set of rules that requires consumer products to be safe and our obligations to ensure this.

If you have any concerns about our products, you can contact us on ProductSafety@springernature.com

In case Publisher is established outside the EU, the EU authorized representative is:

Springer Nature Customer Service Center GmbH
Europaplatz 3
69115 Heidelberg, Germany

Batch number: 10585057

Printed by Printforce, the Netherlands